内容简介

本示范培训教材采用模块式结构编排，将教学内容、技能单、评估单及实验实训有机地结合，以培养新型职业农民的创业素质和创业能力为主，突出实践性、实用性、实效性。

本示范培训教材系统地阐述了现代养猪生产理论、技术以及猪常见病的诊断方法和防治措施，主要内容包括猪舍建筑与养猪设备、猪的常用饲料及其调制技术、猪的经济类型与品种、猪的生物学特性与一般饲养管理原则、种猪的饲养管理、仔猪与后备猪的饲养管理、肉猪生产、常见猪病的防控及实验实训等。

本示范培训教材内容翔实、图文并茂、结构合理、实践性强，符合新型职业农民示范培训教学的特点，既可作为新型农民职业培训教材和农村青年的科普读物，还可供广大畜牧兽医工作者参考指导养猪生产实践。

新型职业农民示范培训教材

养猪实用技术

付友山◎主编

中国农业出版社

图书在版编目（CIP）数据

养猪实用技术 / 付友山主编 . —北京：中国农业出版社，2017. 8（2018. 11 重印）
新型职业农民示范培训教材
ISBN 978-7-109-23028-6

Ⅰ. ①养… Ⅱ. ①付… Ⅲ. ①养猪学－技术培训－教材 Ⅳ. ①S828

中国版本图书馆 CIP 数据核字（2017）第 134486 号

中国农业出版社出版
（北京市朝阳区麦子店街 18 号楼）
（邮政编码 100125）
责任编辑 郭晨茜 耿韶磊

中国农业出版社印刷厂印刷 新华书店北京发行所发行
2017 年 8 月第 1 版 2018 年 11 月北京第 2 次印刷

开本：787mm×1092mm 1/16 印张：11. 25
字数：280 千字
定价：31. 50 元

新型职业农民示范培训教材

本册编写人员

主　编　付友山

副主编　吴有民　王　鹏

编　者（按姓名笔画排序）
　　　　王　鹏　付友山　安雅卿　李晓梅　吴有民
　　　　迟新宇　郑　佳　穆名扬

出版说明

发展现代农业，已成为农业增效、农村发展和农民增收的关键。提高广大农民的整体素质，培养造就新一代有文化、懂技术、会经营的新型职业农民刻不容缓。没有新农民，就没有新农村；没有农民素质的现代化，就没有农业和农村的现代化。因此，编写一套融合现代农业技术和社会主义新农村建设的新型职业农民示范培训教材迫在眉睫，意义重大。

为配合《农业部办公厅　财政部办公厅关于做好新型职业农民培育工作的通知》，按照“科教兴农、人才强农、新型职业农民固农”的战略要求，以造就高素质新型农业经营主体为目标，以服务现代农业产业发展和促进农业从业者职业化为导向，着力培养一大批有文化、懂技术、会经营的新型职业农民，为农业现代化提供强有力的人才保障和智力支撑，中国农业出版社组织了一批一线专家、教授和科技工作者编写了“新型职业农民示范培训教材”丛书，作为广大新型职业农民的示范培训教材，为农民朋友提供科学、先进、实用、简易的致富新技术。

本系列教材共有29个分册，分两个体系，即现代农业技术体系和社会主义新农村建设体系。在编写中充分体现现代教育培训“五个对接”的理念，主要采用“单元归类、项目引领、任务驱动”的结构模式，设定“学习目标、知识准备、任务实施、能力转化”等环节，由浅入深，循序渐进，直观易懂，科学实用，可操作性强。

我们相信，本系列培训教材的出版发行，能为新型职业农民培养及现代农业技术的推广与应用积累一些可供借鉴的经验。

因编写时间仓促，不足或错漏在所难免，恳请读者批评指正，以资修订，我们将不胜感激。

2017-06-20

目　录

■ 第五单元　种猪的饲养管理

■ 第六单元　仔猪与后备猪的饲养管理

第七单元　肉猪生产

第八单元　常见猪病的防控

第一单元

猪舍建筑与养猪设备

【学习目标】

1. 了解猪场场址的选择要求和猪舍类型，懂得如何对猪场进行规划布局。
2. 初步学会设计各种类型猪舍。
3. 了解养猪的基本设备，熟悉猪场环境保护的措施。

项目一 猪舍建筑

知识储备

猪场是猪生长、发育、繁殖的场所，也是向社会提供产品的场所。一个好的猪场必须满足人、猪两方面生产和生活的需要。

规划猪场时，要根据当地的自然条件、社会条件和自身的经济实力，规范、科学、经济地进行设计。首先，要根据肉猪的市场情况、建场的资金和饲料情况，考虑饲养规模。一般的饲养规模在年产 1 000 或 1 500 头商品肉猪较为适宜。如果资金允许，也可建年产 5 000 或 10 000 头商品肉猪的猪场。其次，要考虑生产的运行方式。以自繁自养的生产运行方式最好，既有利于防疫，也有利于调节市场猪价。再次，要考虑猪舍的建筑形式、规模和各种建筑物之间的布局。

一、场址选择

场址选择是猪场筹划的重要内容，不仅关系到养猪场本身的经营和发展，而且关系到当地生态环境的保护。因此在选择场址时，应从以下几方面进行综合考虑。

（一）地形和地势

1. 地形 是指场地的形状、大小、位置和地貌（场地上的房屋、树木、河流、沟坝等），要求开阔整齐，面积充足，符合当地城乡建设的发展规划并留有发展余地；要特别注意远离污染源，切忌在旧猪场场址或其他养殖场、屠宰场场址上重建或改建猪场；要充分利用自然的地形地物作为场界的天然屏障，避免地形狭长或边角过多，防止侵占农田。

2. 地势 是指场地的高低起伏状况，要求地势平坦高燥，背风向阳，地下水位应在 2 m以上，坡度为1%～3%。在我国寒冷地区，要避开西北方向和长形谷地建场；炎热地区要避开山坳和低洼盆地建场，以免给猪舍环境控制带来不便。

（二）水源和水质

1. 水源 养猪场必须有可靠的水源，要求水量充足，水质良好，取用方便，利于防护。流动的活水或地下水是猪场取用的理想水源。

2. 水质 猪场必须有符合饮用水卫生标准的水源。在以地面水作水源时，要经过过滤和消毒处理，水源方圆 100 m 范围内不得有任何污染区，上游 1 000 m、下游 100 m 之内，不得有污水排放口。在以地下水作水源时，水井周围 30 m 范围内不得有厕所、粪池等污染源。

（三）土壤类型

猪场的土壤以沙壤土最为理想。因为沙壤土透水、透气性好，可避免雨后泥泞潮湿，防止病原微生物的生长和繁殖。但在一定区域内，由于客观条件的限制，理想选择往往不易达到。就应在猪舍的设计、施工和使用管理上采取一定措施，加以弥补。

（四）社会联系

社会联系是指养猪场与周围社会的相互往来而形成的影响。要求猪场及其周围必须遵守公共卫生和兽医卫生准则，彼此互不传染疾病。因此，养猪场的位置既要适当远离人口密集的生活聚居区，如城郊、铁路、码头、工矿企业等，又要保证运输、电力供应的便捷，还要有利于卫生防疫。一般情况下，养猪场与居民区或其他牧场的距离为：中、小型场不小于500 m；大型场不小于1 000 m；距离各种化工厂、畜产品加工厂在1 500 m以上；距离铁路和国家一、二级公路不少于500 m。猪场应设有专用道路与公路相连，并靠近输电线路，以利于物料运输和供电投资。

二、猪舍类型

猪舍是养猪场的核心部分和主要环境工程设施。一栋理想的猪舍应冬暖夏凉，舍内环境温度适宜猪的生长发育；舍内空气质量优良，保持干燥；适合生产工艺流程，利于操作管理和实现机械化、自动化；结构牢固、适用。维护费用少，生产成本低。

猪舍的设计要求为：在寒冷地区以保温防潮为主；在温暖地区以隔热为主，兼顾防寒防潮；在炎热地区以隔热防潮为主。

（一）猪舍建筑设计原则

第一，猪舍排列和布置必须符合生产工艺流程要求，一般按配种舍、妊娠舍、分娩舍、保育舍、生长舍和肥育舍依次排列，尽量保证一栋猪舍一个工艺环节，便于管理和防疫。

第二，依据不同生长时期猪对环境的要求，对各种猪舍的地面、墙体、门窗、屋顶等做特殊设计处理。

第三，猪舍建筑要便利、清洁、卫生，保持干燥，有利于防疫。

第四，猪舍建筑要与机电设备密切配合，便于机电设备、供水设备的安装。

第五，因地制宜，就地取材，尽量降低造价，节约投资。

（二）猪舍建筑的基本结构

猪舍的基本结构包括地面、墙、门窗、屋顶等，这些又统称为猪舍的“外围护结构”。猪舍的小气候状况，在很大程度上取决于外围护结构的性能。

1. 地面　猪舍地面关系到舍内的空气环境、卫生状况和使用价值。地面要求保温、坚实、不透水、平整、不滑、便于清扫和清洗消毒；地面应斜向排粪沟，坡度为2%～

3%，以利保持地面干燥。猪舍地面分实体床面和漏缝地板两种。

(1) 实体床面。如采用土质地面、三合土地面或砖地面，虽然保温好，费用低，但不坚固、易透水、不便于清洗和消毒；若采用水泥地面，虽坚固耐用，易清洗消毒，但保温性能差。为克服水泥地面潮湿和传热快的缺点，猪栏地面层最好选用导热系数低的材料，垫层可采用炉灰渣、膨胀珍珠岩、空心砖等保温防潮材料。实体床面不适用于保育仔猪和幼龄猪。

(2) 漏缝地板。是由混凝土或木材、金属、塑料制成的，能使猪与粪、尿隔离，易保持卫生清洁、干燥的环境，对幼龄猪生长尤为有利。

仔猪适合于塑料漏缝地板或钢筋编织漏缝地板网；母猪适合混凝土、金属地板制成的板块；生长肥育猪适合于混凝土制成的板块。

在生产中要正确选用和安装漏缝地板，制作和选用时应考虑以下3点：①板条的宽度必须符合猪的类型，既不使粪堆积，又不影响猪的采食和运动。②板条面既要适度光滑，便于清扫，还要适度粗糙，有一定的摩擦力，猪行走时不打滑。③板缝宽度要适当，以利于粪便漏下，但不能太宽，防止猪蹄卡入缝内。

2. 墙壁 为猪舍建筑结构的重要部分，它将猪舍与外界隔开，对舍内温湿度保持起着重要作用。具体要求是：

(1) 坚固、耐用、抗震，承载力和稳定性必须满足结构设计要求。

(2) 墙内表面要便于清洗和消毒。地面以上1.0～1.5 m高的墙面应设水泥墙裙，以防冲洗消毒时溅湿墙面和防止猪弄脏。

(3) 墙壁应具有良好的保温隔热性能。在北方地区，应重点防寒，要求墙体厚一些或做成空心结构，或在墙里面贴补一层泡沫板；在南方地区，应重点防暑、防潮，墙体可以薄一些，或在墙里面贴补一层泡沫板。猪舍主体墙的厚度一般为37～49 cm。猪栏隔墙或猪栏高：母猪舍、生长猪舍0.9～1.0 m，公猪舍1.3 ～1.4 m，肥育猪舍0.8～0.9 m；隔墙厚度：砖墙15 cm；木栏、铁栏4～8 cm。

3. 屋顶 起遮挡风雨和保温隔热的作用。要求坚固，有一定的承重能力，不透风、不漏水、耐火、结构轻便，必须具备良好的保温隔热性能。猪舍加吊顶可提高其保温隔热性能。

4. 门窗 猪舍设门有利于猪的转群、运送饲料、清除粪便等。一栋猪舍至少应有两个外门，一般设在猪舍的两端墙上，门向外开，门外设坡道而不应有门槛、台阶。冬季应加设门斗。猪舍内外高差一般为15～20 cm。猪舍门规格：高2.0～2.2 m，宽1.5～2.0 m；猪栅栏门规格：大猪，高0.9～1.0 m，宽0.7～0.8 m；公猪，高1.3 m，宽0.7～0.8 m；小猪，高0.8～1.0 m，宽0.6～0.7 m；仔猪出入口规格：高0.4 m，宽0.3 m。

窗户主要用于采光和通风换气。窗户面积大，则采光多，换气好。但冬季散热和夏季向舍内传热也多，不利于冬季保温，夏季防暑。窗户的大小、数量、形状、位置应根据当地气候条件合理设计，一般窗户面积占猪舍面积的1/10～1/8，窗台高0.9～1.2 m，窗上口至舍檐高0.3～0.4 m。

5. 猪舍通道 是猪舍内为喂饲、清粪、进猪、出猪、治疗观察及日常管理等作业留出的道路。猪舍通道分喂饲通道、清粪通道和横向通道 3 种。从卫生防疫角度考虑，喂饲通道和清粪通道应该分开设置。观察猪群等宜用喂饲通道，进猪和出猪既可使用喂饲通道，也可用清粪通道。在采用水冲清粪和往复式刮板清粪机清粪的猪舍可以不留清粪通道，粪便通过漏缝地板落到粪沟后由水冲走或清粪机运走。当猪舍较长时，为了提高作业效率，还应设置横向通道。通道地面一般用混凝土制作，要有足够的强度。拖拉机等机械进出的通道厚度为 90～100 mm，人力作业时厚度 50～70 mm。为了避免积水，通道向两侧应有 0.1%的坡度。一般情况下的通道宽度，喂饲通道 1.0～1.2 m，清粪通道 0.9～1.2 m，横向通道 1.5～2.0 m。在使用机械喂料车和机械清粪车的猪舍，通道还要根据所用车辆的宽度适当加宽。

6. 猪舍高度 指猪舍地面到顶棚之间的高度。猪在舍内的活动空间是地面以上 1 m 左右的高度范围内，该区域内的空气环境（温、湿度和空气质量）对猪的影响最大，空间过大不利于冬季保温，空间过小不利于夏季防暑。猪舍高度一般为 2.2～3.0 m。由于猪舍上部的空气温度通常高于猪只活动区，因此，在北方寒冷地区，适当降低猪舍高度有利于提高其保温性能；而在南方炎热地区，适当增加猪舍高度有利于使猪产生的热量迅速散失，增强猪舍的降温隔热性能。下面介绍几种常见的大、中、小型猪舍规格，供参考。

（1）大型舍。长 80～100 m，宽 8～10 m，高 2.4～2.5 m。

（2）中型舍。长 40～50 m，高 2.3～2.4 m，单列式宽 5～6 m，双列式宽 8～9 m。

（3）小型舍。长 20～25 m，高 2.3～2.4 m，单列式宽 5～6 m，双列式宽 8～9 m。

（三）猪舍建筑常见类型

猪舍依其结构、猪栏和功能等形式，可分为多种类型。猪舍类型见图 1－1。

1. 按屋顶形式 分单坡式、双坡式、联合式、平顶式、拱顶式、钟楼式、半钟楼式等。

2. 按墙的结构 分开放式、半开放式和密闭式。

（1）开放式。三面有墙一面无墙，结构简单，通风采光好，造价低，但冬季防寒困难。

（2）半开放式。三面有墙，一面设半截墙，略优于开放式。

（3）密闭式。分有窗式和无窗式。有窗式四面设墙，窗设在纵墙上，窗的大小、数量和结构应结合当地气候而定。一般北方寒冷地区，猪舍南窗大，北窗小，以利于保温。为解决夏季有效通风，夏季炎热地区还可在两纵墙上设地窗，或在屋顶上设风管、通风屋脊等。有窗式猪舍保温隔热性能好。无窗式四面有墙，墙上只设应急窗（停电时使用），与外界自然环境隔绝程度较高，舍内的通风、采光、舍温全靠人工设备调控，能为猪提供较好的环境条件，有利于猪的生长发育，提高生产率。但这种猪舍建筑、装备、维修、运行费用大。母猪分娩舍和仔猪保育舍可采用。

3. 按猪栏排列 分单列式、双列式和多列式。

（1）单列式。猪栏一字排列，一般靠北墙设饲喂走道，舍外可设或不设运动场，跨度较小，结构简单，省工省料造价低，但不适合机械化作业。

（2）双列式。猪栏排成两列，中间设一工作道，有的还在两边设清粪道。猪舍建筑面

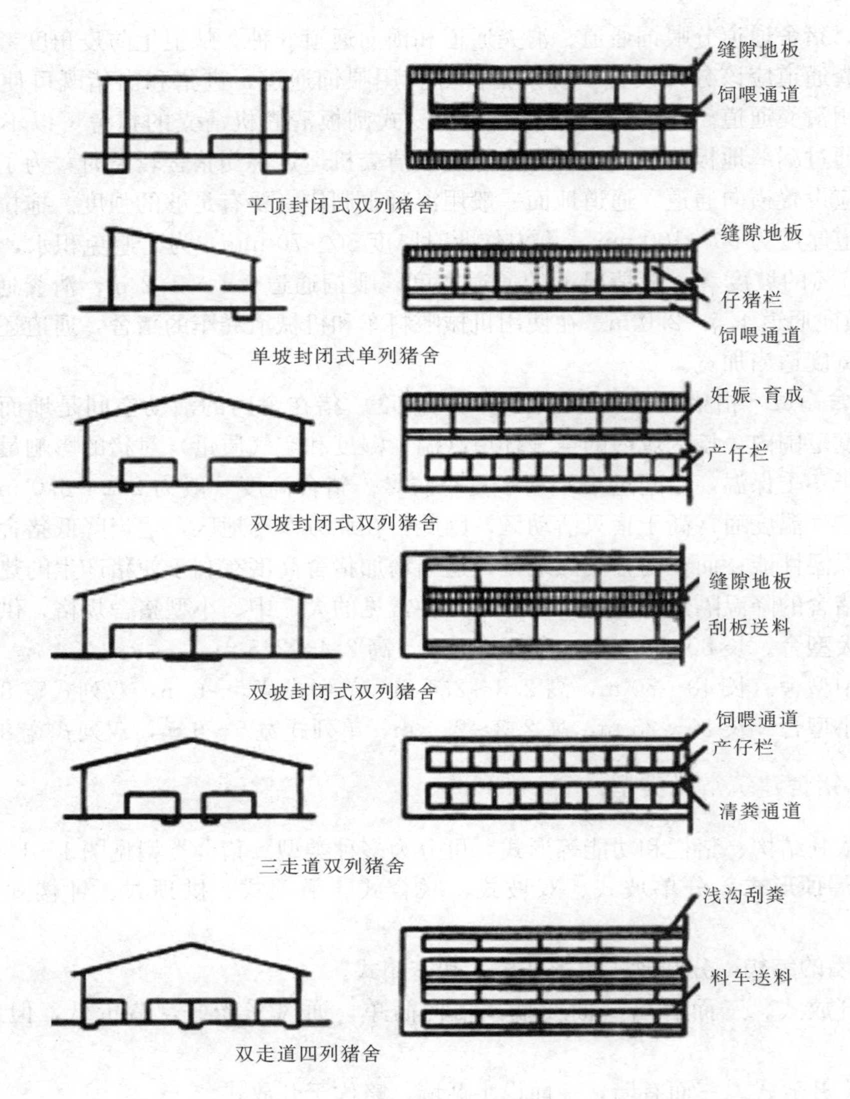

图 1-1　常见猪舍类型示意图
（引自刘凤翥，《跟我学规模化养猪技术》，2004）

积利用率高，保温好，管理方便，便于使用机械。但北侧采光差，舍内易潮湿。

（3）多列式。猪栏排列成三列以上，猪舍建筑面积利用率更高，容纳猪多，保温性好，运输路线短，管理方便。缺点是采光不好，舍内阴暗潮湿，通风不畅，必须辅以机械、人工控制其通风、光照及湿度。

4. 按使用功能　分公猪舍、配种猪舍、妊娠猪舍、分娩哺乳猪舍、保育猪舍、生长猪舍、肥育猪舍和隔离猪舍等。

（1）公猪舍。指饲养公猪的圈舍。公猪舍多采用单列式结构，舍内净高 2.3～3.0 m，净宽 4.0～5.0 m，并在舍外向阳面设立运动场供公猪运动。公猪舍内适宜的环境温度为 14～16℃。可以建立专门的公猪舍，也可以将公猪与空怀母猪、后备母猪和妊娠母猪饲养在一个舍内。

（2）配种猪舍。指专门为空怀待配母猪进行配种的猪舍。在大中型养猪场可将空怀母猪、后备母猪和公猪饲养在配种猪舍中。可群养，也可单养，并设置配种猪栏，有条件时在公猪和后备母猪饲养区的舍外设置相应的运动场，供猪运动。配种猪舍的适宜环境温度为13～22℃。在小型养猪场，可不设配种猪舍，而是将公猪和待配母猪赶到空旷场地进行配种。

（3）妊娠猪舍。指饲养妊娠母猪的猪舍。妊娠猪舍地面一般为部分铺设漏缝地板的混凝土地面。妊娠母猪采用单体或小群（6～8头）饲养。妊娠猪舍内适宜的环境温度为10～22℃，最适宜的温度为14～18℃。

（4）分娩哺乳猪舍。简称分娩猪舍，也称产仔舍，指饲养分娩哺乳母猪的猪舍。分娩哺乳猪舍要求外围护结构有较高的保温隔热性能，冬季要防止"贼风"侵入，舍内适宜的环境温度为15～22℃。由于仔猪要求的适宜环境温度为34～25℃，并随日龄的增长而下降，因此，在分娩哺乳猪舍内必须配备局部采暖设备（见猪舍采暖），为仔猪提供较高的局部环境温度。通常是将局部采暖设备安装在仔猪箱中（一种用木板、水泥板或玻璃钢制成的箱子），为仔猪创造一个温暖舒适的局部环境。

为有利于卫生防疫，分娩哺乳猪舍宜采用全进全出的工艺流程。为了与该工艺流程相配合，分娩哺乳猪舍正趋向于将猪舍分割成若干个单元，每个单元饲养6～24头哺乳母猪，母猪分娩栏在单元内一般采用双列三通道的形式，每个单元内的母猪同时进入，并同时转出。待母猪和断奶仔猪转出后，将单元进行彻底消毒，之后再进下一批待产母猪（图1－2）。

（5）保育猪舍。也称培育猪舍、断奶仔猪舍或幼猪舍，指饲养断奶仔猪的猪舍。保育猪舍要求其外围护结构具有较高的保温隔热性能，舍内适宜的环境温度为25～22℃，冬季要防止"贼风"侵入。哺乳仔猪断奶后从分娩哺乳猪舍转入保育猪舍饲养至10周龄，这一饲养阶段的猪被称为保育猪或断奶仔猪和幼猪。保育猪通常采用高床网上饲养，一般采用原窝转群，也可并窝大群饲养，但每群不宜超过25头。为了便于卫生防疫和采用全进全出的工艺流程，保育猪舍正趋向于将猪舍分割成若干个单元，每个单元的猪同时转入和转出。待猪转出后，将单元进行彻底消毒后再进下一批猪。

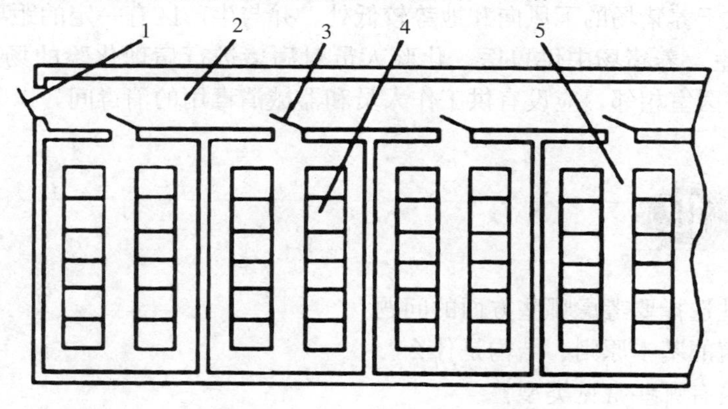

图1－2　采用全进全出工艺流程的分娩哺乳猪舍平面图

1. 走廊门　2. 走廊　3. 猪舍门　4. 分娩猪栏　5. 通道

（6）生长猪舍。也称育成猪舍。在养猪场中，猪群按妊娠—分娩哺乳—保育—生长—肥育五阶段饲养时，断奶仔猪经保育舍饲养到10周龄后转入生长猪舍饲养7～8周。生长猪一般采用地面饲养，并利用混凝土铺设部分或全部漏缝地板，猪栏通常采用双列或多列式。生长猪舍适宜的环境温度为18～22℃。在种猪场中，猪经过在生长猪舍的饲养阶段后，被选好的猪即可作为种猪出售。在商品猪场，则转入肥育猪舍中继续饲养。

（7）肥育猪舍。指饲养肥育猪的猪舍。肥育猪舍的结构一般与生长猪舍相同，对舍内温湿度环境的要求不高于生长猪舍。肥育阶段是商品猪饲养的最后阶段，在采用妊娠—分娩哺乳—保育—生长—肥育五阶段饲养时，经过生长阶段饲养的猪转入肥育猪舍饲养6～7周，体重达到90～100 kg时，即可作为商品猪出栏上市；在采用妊娠—分娩哺乳—保育—肥育四阶段饲养工艺饲养时，保育阶段饲养结束后猪群即转入肥育猪舍中饲养14～15周后出栏上市。采用四阶段饲养工艺时，肥育猪舍也被称为生长肥育猪舍。

（8）隔离猪舍。指对新购入的种猪进行隔离观察或对本场疑似传染病但还具有经济价值的猪只进行隔离治疗饲养的猪舍，主要功能是防止外购种猪将传染病带入本场，并防止本场猪群的相互接触传染。隔离猪舍的饲养容量一般为全场母猪总头数的5%左右，舍内要求卫生、护理条件好，易于实行各种消毒措施。与其他各类生产猪舍的主要区别是：①隔离猪舍要位于猪场的下风向、地势最低处，并与其他猪舍保持一定的距离（防疫间隔），排污系统最好也与生产区分开。②除猪栏和通道外，还应设饲料贮存间和消毒管理间。③舍内猪栏为通用猪栏，各栏的食槽和粪尿沟彼此独立隔开，以防止交叉感染，相邻猪栏间的隔板应使用实体栏板，以防猪只之间接触感染。④入口及出口处要设立消毒池，工作人员进出隔离猪舍时都要严格消毒。⑤隔离猪舍要设纱门、纱窗，以防止鸟雀和吸血昆虫进入；地面、墙脚和墙体要坚固严实，以防鼠害；粪尿沟出口处要设防鼠网，严防老鼠等小动物侵入猪舍而成为病原体携带者。⑥舍内作业一般为人工操作，并要有专人负责，隔离猪舍内的工作人员严禁进入其他猪舍，无关人员严禁进入隔离猪舍，以免传播疾病。

（9）兽医室。养猪场中专门供兽医人员工作和存放医疗、防疫药品及医疗器械的房间为兽医室。在兽医室中应设有供工作人员和器械消毒用的消毒间，并配备诊疗器械消毒设备。兽医室应位于养猪场的下风向和地势较低处，并与生产区有一定的距离。

（10）化验室。养猪场中供兽医、化验人员对病猪进行病理化验的场所称为化验室。化验室一般与兽医室相邻，应设有供工作人员和器械消毒用的消毒间，以防止病猪所携带的病原扩散。

能力转化

1. 猪场场址选择要考虑哪些方面的问题？
2. 猪舍建筑的基本原则、结构是什么？
3. 猪舍建筑有哪些常见类型？

项目二 基本设施

养猪设备是猪场生产的硬件，它不仅有利于猪群饲养管理条件的改善和生产性能的发挥，而且能在很大程度上有效地提高劳动生产效率，这是现代化养猪生产的重要条件。

任务1 猪栏设备与漏缝地板

一、猪栏设备

猪栏是养猪场的基本生产单元，它可以将猪限制在一个特定的范围内活动，以便对其进行管理。根据所用材料的不同，可分为实体猪栏、栏栅式猪栏和综合式猪栏3种类型。

实体猪栏采用砖砌结构（厚120 mm，高1 000～1 200 mm），外抹水泥，或采用水泥预制构件（厚50 mm左右）组装而成；栏栅式猪栏采用金属型材焊接成栏栅状再固定装配而成；综合式猪栏是以上两种形式的猪栏综合而成，两猪栏相邻的隔栏采用实体结构，沿喂饲通道的正面采用栏栅式结构（图1-3）。

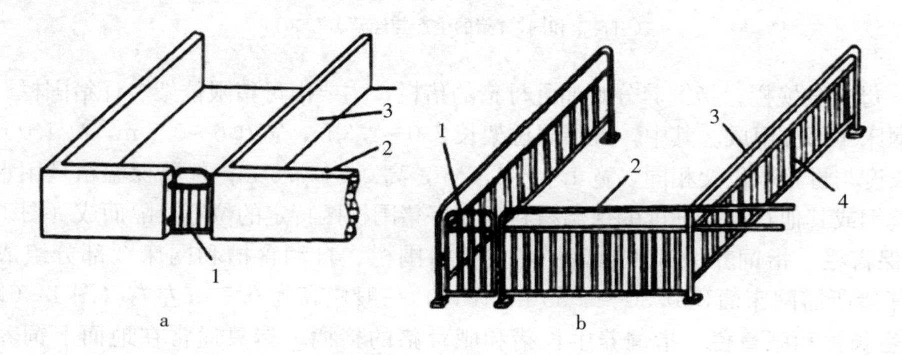

图1-3 猪栏结构

a. 实体式 1. 栏门 2. 前墙 3. 隔墙 b. 栏栅式 1. 栏门 2. 前栏 3. 隔栏 4. 隔条

（引自苏振环，《现代养猪实用百科全书》，2004）

根据猪栏内所养猪只种类的不同，猪栏又分为公猪栏、配种猪栏、母猪栏、母猪分娩栏、保育猪栏、生长猪栏和肥育猪栏。猪栏的占地面积应根据饲养猪的数量和每头猪所需

的面积而定；栏栅式猪栏间的间距为：成年猪≤100 mm，哺乳仔猪≤35 mm，保育猪≤55 mm，生长猪≤80 mm，肥育猪≤90 mm。

1. 公猪栏 指饲养种公猪的猪栏。按每栏饲养1头公猪设计，一般栏高1.2～1.4 m，占地面积6～7 m^2。通常舍外与舍内公猪栏相对应的位置要配置运动场。

2. 母猪栏 指饲养后备、空怀和妊娠母猪的猪栏。按要求分为群养母猪栏、单体母猪栏和母猪分娩栏3种。

（1）群养母猪栏。通常6～8头母猪占用一个猪栏，栏高1.0 m左右，每头母猪所需面积1.2～1.6 m^2。主要用于饲养后备猪和空杯母猪。若饲养妊娠母猪，要防止抢食引起流产。

（2）单体母猪栏。每个栏中饲养1头母猪，栏长2.0～2.3 m，栏高1.0 m，栏宽0.6～0.7 m。主要用于饲养妊娠母猪（图1-4）。

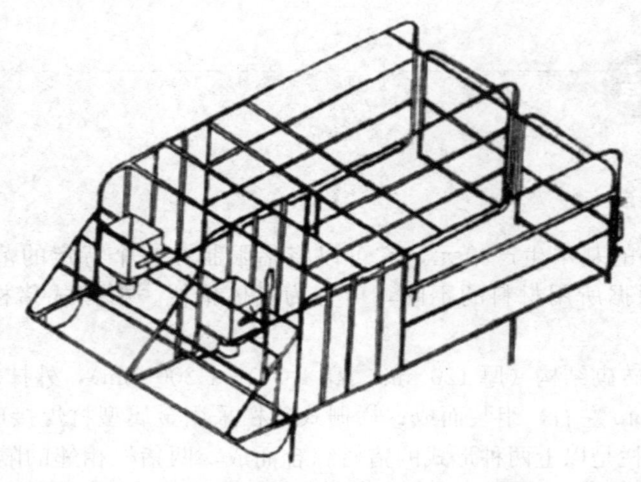

图1-4 单体母猪栏
（引自李和国，《猪的生产与经营》，2001）

（3）母猪分娩栏。指饲养分娩哺乳母猪的猪栏，主要由母猪限位架、仔猪围栏、仔猪保温箱和网床4部分组成。其中，母猪限位架长2.0～2.3 m，宽0.6～0.7 m，高1.0 m；仔猪围栏的长度与母猪限位架相同，宽1.7～1.8 m，高0.5～0.6 m；仔猪保温箱是用水泥预制板、玻璃钢或其他具有高强度的保温材料，在仔猪围栏区特定的位置分隔而成（图1-5）。

3. 保育栏 指饲养保育猪的猪栏，主要由围栏、自动食槽和网床3部分组成。按每头保育仔猪所需网床面积0.30～0.35 m^2 设计，一般栏高为0.7 m左右（图1-6）。

4. 生长栏和肥育栏 指饲养生长猪和肥育猪的猪栏。猪只通常在地面上饲养，栏内地面铺设局部漏缝地板或金属漏缝地板，其栏架有金属栏和实体式两种结构。一般生长栏高0.8～0.9 m，肥育栏高0.9～1.0 m；占地面积，生长猪栏按每头0.5～0.6 m^2 计，肥育栏按每头0.8～1.0 m^2 计。

以上各类猪栏在舍内的布局应根据猪场饲养规模、猪舍类型和管理要求合理安排。常见布局方式有单列式、双列式和多列式3种。

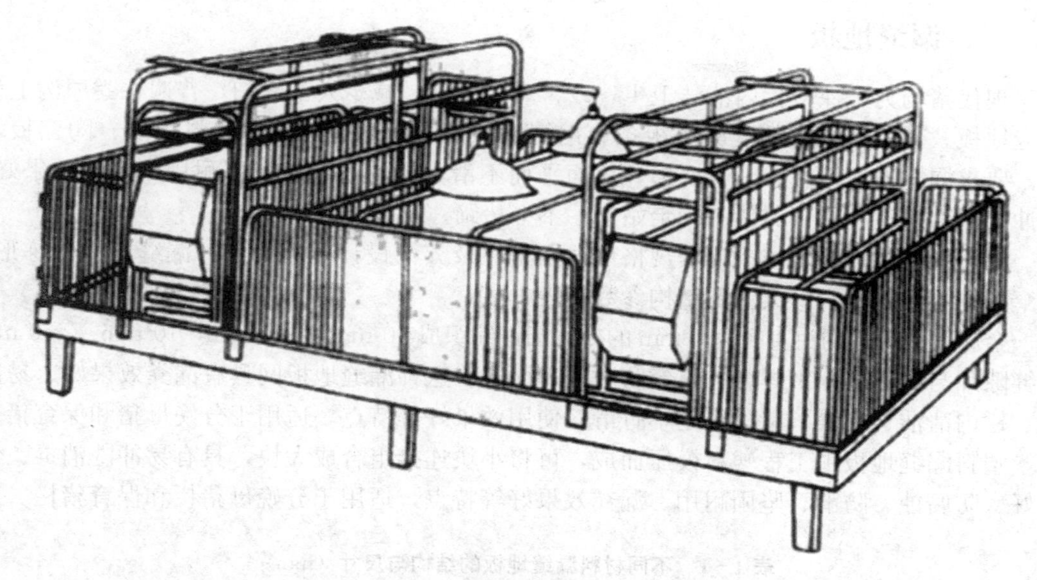

图 1－5　母猪分娩栏（2 个）

（引自李和国，《猪的生产与经营》，2001）

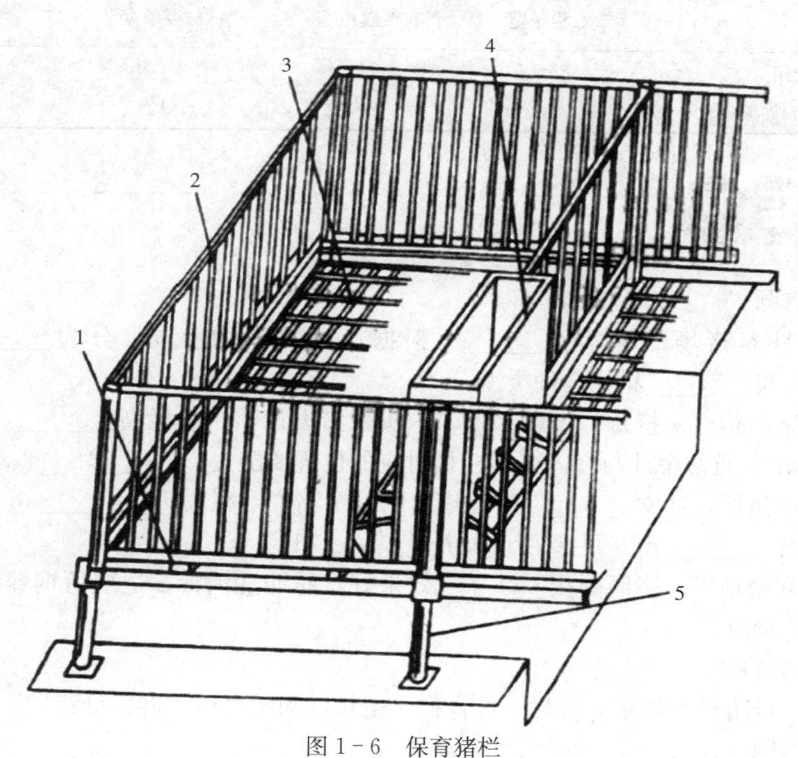

图 1－6　保育猪栏

1. 连接板　2. 围栏　3. 网床　4. 自动食槽　5. 支腿

（引自苏振环，《现代养猪实用百科全书》，2004）

二、漏缝地板

现代猪场为了保持栏内清洁卫生，改善环境条件，减少人工清扫，普遍在粪尿沟上设漏缝地板。其类型有钢筋混凝土板条、钢筋编织网、钢筋焊接网、塑料板块、陶瓷板块等。要求漏缝地板耐腐蚀，不变形，表面平而不滑，导热性小，坚固耐用，漏粪效果好，易冲洗消毒，适应所饲养猪的行走站立，不卡猪蹄。

钢筋混凝土板块、板条，其规格可根据猪栏及粪沟设计要求而定，漏缝断面呈梯形，上窄下宽，便于漏粪。其主要结构参数见表 1-1。

金属编织地板网由直径为 5 mm 的冷拔圆钢编织成 10 mm × 40 mm，10 mm × 50 mm 的缝隙片与角钢、扁钢焊合，再经防腐处理而成。这种漏缝地板网具有漏粪效果好、易冲洗、栏内清洁、干燥、猪只行走不打滑、使用效果好等特点，适用于分娩母猪和保育猪。

塑料漏缝地板由工程塑料模压而成，可将小块连接组合成大块，具有易冲洗消毒、保温好、防腐蚀、防滑、坚固耐用、漏粪效果好等特点，适用于分娩母猪栏和保育猪栏。

表 1-1 不同材料漏缝地板的结构与尺寸（mm）

猪群	铸铁		钢筋混凝土	
	板条宽	缝隙宽	板条宽	缝隙宽
幼猪	35～40	14～18	120	18～20
育肥猪、妊娠猪	35～40	20～25	120	22～25

能力转化

一、填空题

1. 猪栏是养猪场的基本________。根据所用材料的不同，分为________猪栏、________猪栏和________猪栏 3 种类型。

2. 种公猪的猪栏，按每栏饲养________头公猪设计，一般栏高________ m，占地面积________ m^2。通常舍外与舍内公猪栏相对应的位置要配置________。

3. 群养母猪栏，通常________头母猪占用一个猪栏，栏高为________ m 左右，每头母猪所需面积________ m^2。主要用于饲养________和________。

4. 要求漏缝地板，坚固耐用________效果好，易冲洗消毒，适应所饲养猪的行走站立，________猪蹄。

二、名词解释

公猪栏　母猪栏　母猪分娩栏　保育栏　生长栏和肥育栏　群养母猪栏　单体母猪栏

三、简答题

生产中常用的猪栏有哪些类型？说明其规格与要求。

任务 2　饲喂与饮水设备

知识储备

一、饲喂设备

猪场饲料供给和饲喂的最好方法是将饲料厂加工好的全价配合饲料直接用专用车运输到猪场，送入饲料塔中，然后使用螺旋输送机将饲料输入猪舍内的自动落料饲槽内进行饲喂。这种工艺流程不仅能使饲料保持新鲜，不受污染，减少包装、装卸和散漏损失，而且还可以实现机械化、自动化作业，节省劳动力，提高劳动生产率。由于这种供料饲喂设备投资大，用电多，目前只在少数有条件的猪场应用。而我国大多数猪场还是采用袋装，汽车运送到猪场，卸入饲料库，再用饲料车人工运送到猪舍，进行人工喂饲。尽管人工运送喂饲劳动强度大，劳动生产率低，饲料装卸、运送损失大，又易污染，但这种方式机动性好、设备简单、投资少、故障少，不需要电力、任何猪场都可采用。

1. 饲料运输车　卸料车可分为机械式和气流输送式两种。机械式卸料运输车，可将饲料输送入 7 m 高的饲料塔中。气流输送式卸料运输车，通过鼓风机产生的气流将饲料输送进 15 m 以内的贮料仓中。这种运输车适宜装运颗粒料。

2. 贮料仓（塔）　贮料仓多用 1.5～3 mm 厚镀锌钢板压型组装而成，直径约 2 m，高度多在 7 m 以下，容量有 2、4、5、6、8、10 t 等多种。

贮料仓要密封，避免漏进雨、雪。还应设有出气孔。一个完好的贮料仓，还应装有料位指示器。

3. 饲料输送机　把饲料由贮料仓直接分送到食槽、定量料箱或撒落到猪床面上的设备，称为饲料输送机。饲料输送机种类较多，以前多采用卧式搅龙输送机和链式输送机。近年来，使用较多的是螺旋弹簧输送机和塞管式输送机。

4. 加料车　用于将饲料由饲料仓出口装送至食槽，如定量饲养的配种栏、妊娠母猪栏和分娩栏的食槽。加料车有手推机动加料车和手推人工加料车两种。

5. 食槽　用于盛放饲料的容器。根据喂饲方式的不同，可分为自动食槽和限量食槽两种形式。其形状有长方形和圆形等。不管哪种形式的食槽都要求坚固耐用，减少饲料浪费，保证饲料清洁，不被污染，便于猪只采食。

（1）自动食槽。指采用自由采食喂饲方式的猪群所使用的食槽。在食槽的顶部装有饲料贮存箱，随着猪只的采食，饲料在重力的作用下不断落入食槽内。可以间隔较长时间加料，大大减少饲喂工作量。长方形自动食槽分为单面和双面两种，前者供一个猪栏使用，后者供两个猪栏使用。其高度为 700～900 mm；前缘高度为 120～180 mm；最大宽度为 500～700 mm。采食间隔：保育猪、生长猪和肥育猪分别为 150 mm，120 mm 和 250 mm（图 1-7）。

（2）限量食槽。指用限量喂饲方式的猪群所用的食槽，常用水泥、金属等材料制造。

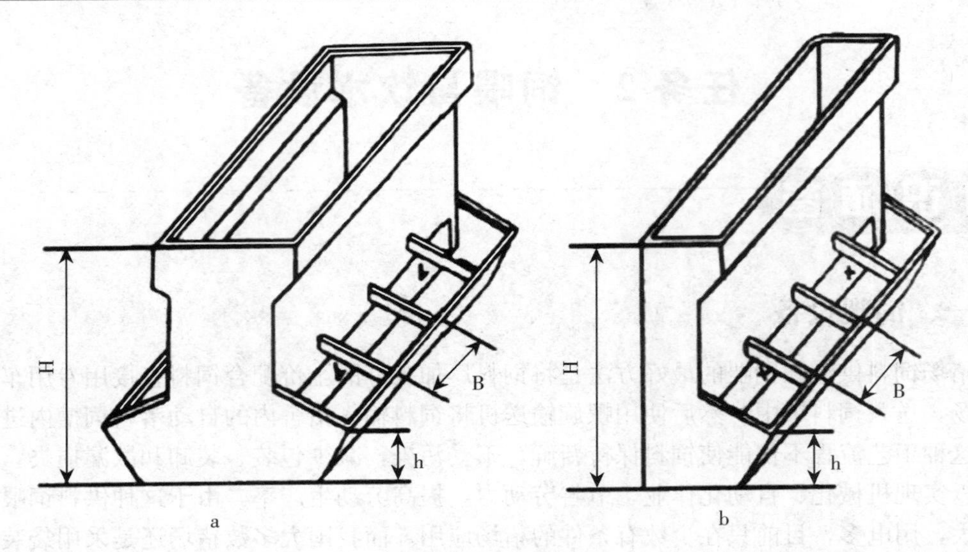

图 1-7　自动食槽

a. 双面　b. 单面

H. 自动食槽高度　h. 自动食槽前缘高度　B. 采食间隔

（引自苏振环，《现代养猪实用百科全书》，2004）

其中，高床网上饲养的母猪栏内常配备金属材料制造的限量食槽。公猪用的限量食槽长度为 500～800 mm，群养母猪限量食槽长度根据它所负担猪的数量和每头猪所需要的采食长度（300～500 mm）而定（图 1-8）。

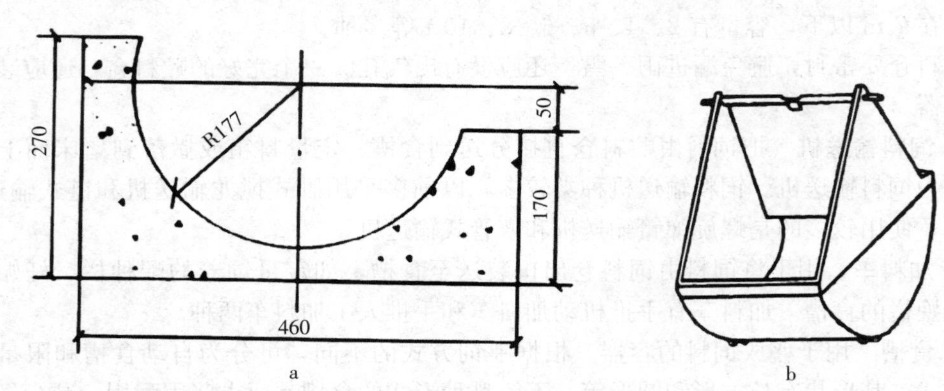

图 1-8　限量食槽（mm）

a. 水泥限量食槽横断面结构　b. 铸铁限量食槽

（引自苏振环，《现代养猪实用百科全书》，2004）

（3）仔猪补料饲槽。指在仔猪哺乳期为其补充饲料所使用的食槽，有长方形、圆形等多种形状（图 1-9）。

（4）干、湿食槽。是一种用于自由采食猪群，为其提供湿料的自动食槽。在干、湿食槽中，食槽上部的贮料箱贮存的是干饲料，在下部安装有乳头式自动饮水器和放料装置。猪吃食时，拱动下料开关，饲料从贮料箱流到食槽中，再咬动饮水器时，水流入食槽中，使干饲料成为湿料供猪采食，猪也可以先吃料再饮水。干、湿食槽为猪选择其所喜爱的采食方式提供了便利。

实践证明，与喂饲干饲料的自动食槽相比，使用干、湿食槽可使猪的日增重增加 7%～13%，日采食量提高 4%～7%，饲料转化率提高 2.5%～5%，但是较高的日采食量会导致背膘厚度轻微增加。

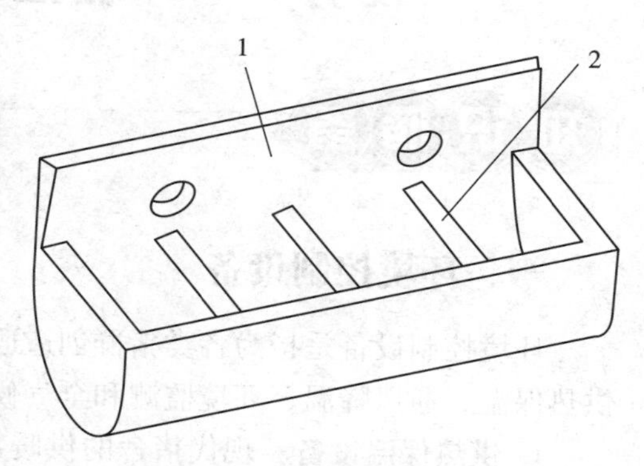

图 1-9　仔猪补料食槽

1. 食槽体　2. 喂饲分区隔条

（引自苏振环，《现代养猪实用百科全书》，2004）

二、饮水设备

饮水设备是指为猪舍猪群提供饮水的成套设备。猪舍饮水系统由管路、活接头、阀门和自动饮水器等组成。常用的自动饮水器有鸭嘴式、乳头式和杯式 3 种。在群养猪栏中，每个自动饮水器可负担 15 头猪饮用；在单养猪栏中，每个栏内应安装 1 个自动饮水器。自动饮水器的安装高度见表 1-2。

表 1-2　自动饮水器安装高度（cm）

猪群类别	安装高度		
	鸭嘴式	杯式	乳头式
公　猪	55～65	25～30	80～85
母　猪	55～65	15～25	70～80
后备猪	50～60	15～25	70～80
仔　猪	15～25	10～15	25～30
保育猪	30～40	15～20	30～45
生长猪	45～55	15～25	50～60
育肥猪	55～60	15～25	70～80

能力转化

一、名词解释

饲料输送机　加料车　自动食槽　限量食槽

仔猪补料饲槽　干、湿食槽　饮水设备

二、简答题

1. 简述猪场常用的饲喂设备。

2. 猪场常用的自动饮水器有哪几种？安装高度有何要求？

任务3　环境控制与废弃物处理设备

知识储备

一、环境控制设备

环境控制设备是指为各类猪群创造适宜温度、湿度、通风换气等使用的设备，主要有供热保温、通风降温、环境监测和全气候环境控制设备等。

1. 供热保温设备　现代猪舍的供暖，分集中供暖和局部供暖两种方法。集中供暖主要利用热水、蒸汽、热空气及电能等形式。在我国养猪生产实践中，多采用热水供暖系统，该系统包括热水锅炉、供水管路、散热器、回水管及水泵等设备；局部供暖最常用的有电热地板、电热灯等设备。

目前，大多数猪场采用高床网上分娩育仔，为了满足母猪和仔猪不同的温度要求，如初生仔猪要求32～34℃，母猪则要求15～22℃，常用的局部供暖设备是红外线灯或红外线辐射板加热器（图1-10）。前者发光发热，其温度通过调整红外线灯的悬挂高度和开灯时间来调节，一般悬挂高度为40～50 cm；使用红外线辐射板加热器时，应将其悬挂或固定在仔猪保温箱的顶盖上。辐射板接通电流后开始向外辐射红外线，在其反射板的反射作用下，使红外线集中辐射于仔猪趴卧区。由于红外线辐射板加热器只能发射不可见的红外线，还需另外安装一个白炽灯泡供夜间仔猪出入保温箱。

2. 通风降温设备　指为了排出舍内的有害气体，降低舍内的温度和控制舍内的湿度等使用的设备。是否采用机械通风或人工控湿，要依据具体情况而定。

(1) 通风机配置。①侧进（机械），上排（自然）通风。②上进（自然），下排（机械）通风。③机械进风（舍内进），地下排风和自然排风。④纵向通风，一端进风（自然），一端排风（机械）。

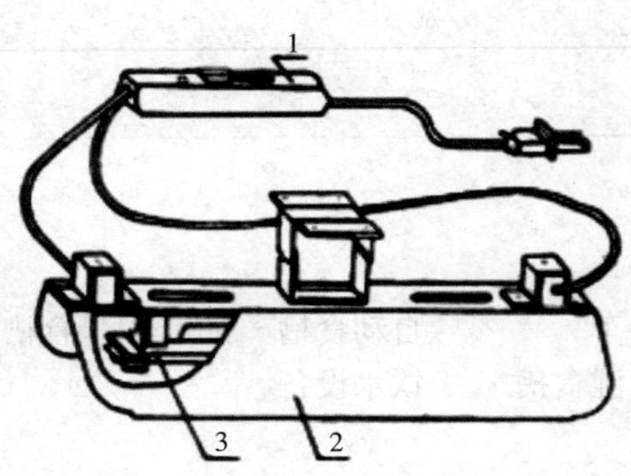

图1-10　红外线辐射板加热器
1. 调温控制开关　2. 反射罩　3. 红外线辐射板
（引自苏振环，《现代养猪实用百科全书》，2004）

（2）湿帘—风机降温系统。指利用水蒸发降温原理为猪舍降温的系统，由湿帘、风机、循环水路和控制装置组成。湿帘是用白杨木刨花、棕丝布或波纹状的纤维制成的能使空气通过的蜂窝状板。使用时湿帘安装在猪舍的进气口，与负压机械通风系统联合为猪舍降温。

（3）喷雾降温系统。指一种利用高压水雾化后漂浮在猪舍中吸收空气中的热量使舍温降低的喷雾系统。主要由水箱、压力泵、过滤器、喷头、管路及自动控制装置组成。

（4）喷淋降温或滴水降温系统。指一种将水喷淋在猪身上为其降温的系统，主要由时间继电器、恒温器、电磁水阀、降温喷头和水管等组成。而滴水降温系统是一种通过在猪身上滴水而为其降温的系统，其组成与喷淋降温系统基本相同，只是用滴水器代替了喷淋降温系统的降温喷头。

3. 全气候环境控制系统　指一种使用通风换气、加热和降温等设备，调节猪舍全年适宜环境的控制系统。整个系统由百叶窗进气口、管道风机、通风管道、排风机、加热器和湿帘等组成（图1-11）。

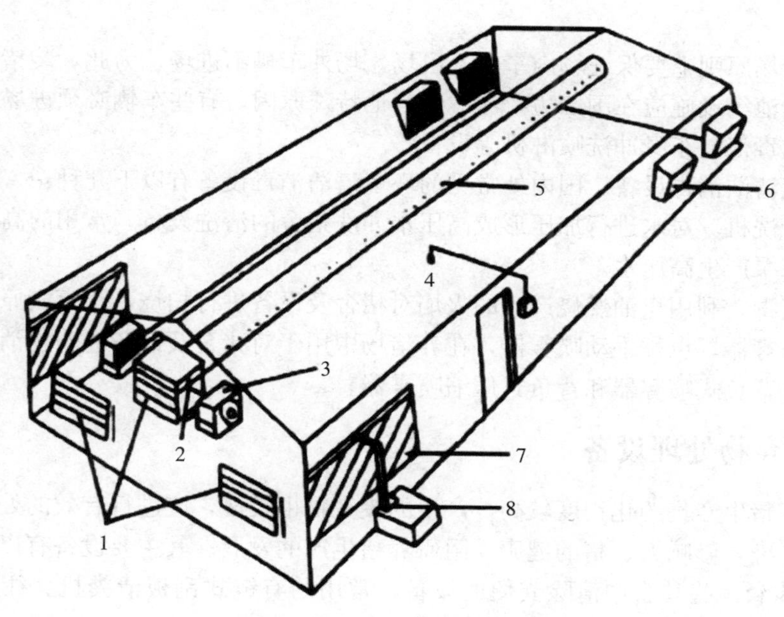

图1-11　全气候环境控制系统

1. 叶窗进气口　2. 管道风机　3. 加热器　4. 温度传感器

5. 通风管道　6. 排风机　7. 湿帘　8. 水泵

（引自苏振环，《现代养猪实用百科全书》，2004）

在冬季，温度传感器调节至某一设定温度。当舍温低于设定值时，加热器和管道风机开动，将热空气均匀地吹入舍内，使舍温上升。当舍温达到或高于设定温度时，加热器关闭，管道风机仍然开动，舍内空气通过管道风机和送风管进行环流。与管道风机相对的上部百叶窗进气口及第一排风机定时打开和开动，以排出舍内潮气和污浊空气，并使舍外一定量的新鲜空气通过进气口、管道风机均匀地吹入舍内。

在春、秋季，舍内温度升高，上下百叶窗进气口都打开，管道风机和第一、第二排风机开动，部分舍外新鲜空气由管道风机吸入后通过送风管道吹入舍内，部分空气由下部进气口直接进入舍内，舍内污浊空气由第一、第二排风机排出。

夏季舍温又进一步升高，管道风机和第一、二、三排风机运转，全部百叶窗进气口和带湿帘的百叶窗（相当于进气口）打开，舍外空气大部分由进气口，少部分通过送风管道进入舍内，由排风机排出，对猪舍进行通风降温。当舍温超过设定的上限温度时，管道风机和全部百叶窗进气口关闭，仅湿帘保持开启状态，全部排风机和水泵开动，舍外空气全部通过湿帘降温后进入猪舍。整个系统由一个控制箱进行自动控制。

4. 清洁消毒设备 集约化养猪场，由于采用高密度限位饲养工艺，必须有完善严格的卫生防疫制度，对进场的人、车辆和猪舍环境都要进行严格的清洁消毒，才能保证养猪高效率安全生产。

（1）人员、车辆清洁消毒设施。凡是进场人员都必须经过温水彻底冲洗、更换场内工作服。工作服应在场内清洗、消毒，更衣间主要设有热水器、淋浴间、洗衣机、紫外线灯等。

集约化猪场原则上要保证场内车辆不出场，场外车辆不进场。为此，装猪台、饲料或原料仓、集粪池等设施应在围墙边。考虑到其他特殊原因，有些车辆必须进场，应设置进场车辆清洗消毒池、车身冲洗喷淋机等设备。

（2）环境清洁消毒设备。国内外常见的环境清洁消毒设备有以下几种：

①高压清洗机。对水进行加压形成高压水冲洗猪舍的清洗设备，常用的高压清洗机采用卧式三柱塞泵产生高压水。

②火焰消毒。利用煤油燃烧产生的火焰对猪舍及设备进行扫烧，杀灭病原微生物。

③人力喷雾器。也称手动喷雾器，在养猪场中用于对猪舍及设备的药物消毒。常用的人力喷雾器有背负式喷雾器和背负式压缩喷雾器。

二、废弃物处理设备

规模化养猪生产集约化程度较高，产生的废弃物也较多，应进行有效的处理，否则就会造成环境污染，影响人、猪的健康，阻碍养猪生产的发展。其主要设备有以下几种。

1. 清粪设备 指猪舍中清除粪便的设备，常用的有链式刮板清粪机、往复式刮板清粪机和螺旋搅龙清粪机等。

（1）链式刮板清粪机。由链子、刮板、驱动装置、导向轮和张紧装置机构及钢丝绳等部分组成。

（2）往复式刮板清粪机。由带刮粪板的滑架、传动装置、张紧机构和钢丝绳等部分组成。

（3）螺旋搅龙清粪机。指采用螺旋搅龙输送粪便的清粪机，一般用于猪舍的横向清粪。往复式刮板清粪机将纵向粪沟内的粪便送到横向粪沟中，螺旋搅龙转动就将粪便送至舍外。

2. 冲水设备 指采用水冲清粪方式清粪时，定时在粪沟内放水冲粪的设备。常用的有自动翻水斗和虹吸自动冲水器。

3. 粪尿水固液分离机　猪粪尿水的固液分离应用最多的有倾斜筛式固液分离机、压榨式固液分离机和回转滚筒式、平面振动筛式粪尿水分分离机等。

（1）倾斜筛式粪水分离机。是将集粪池中的粪尿水通过污水泵抽出送至倾斜筛的上端，粪尿水沿筛面下流，液体通过筛孔流到筛板背面集液槽而流入贮粪池，固形物则沿筛面下滑落到水泥地面上，定期人工运走。这种分离机结构简单，但获取的固形物含水率较高。

（2）压榨式粪水分离机。固形物下落时，再通过压榨机压榨，所获得的固形物含水率较低。

（3）螺旋回转滚式粪水分离机。由集粪池抽出的粪尿水从滚筒一端加入，粪尿通过滚筒时，液体通过滚筒的筛网流入集液槽而流入集粪池，固形物则由于滚筒的回转、滚筒内的螺旋驱动而从滚筒的另一端排出。

（4）平面振动筛式粪尿水分离机。由集粪池抽出的粪尿水置于平面振动筛内，通过机械振动，液体通过筛孔流入集粪池，固形物则留在筛面上，倒入贮粪槽内。

4. 堆肥处理设备　指对固体粪便进行堆肥处理的设备。堆肥处理的最佳参数为：采购物含水率50%～70%，碳氮比（26～35）∶1，堆内温度35～55℃，堆内有足够的氧气。因此，在进行堆肥处理前要对粪便进行预处理，在其中添加一定量切碎的秸秆，并调整其含水率，使其成为碳氮比适宜、水分合适的物料。堆肥处理后的物料含水率在30%～40%，为了便于贮存和运输，需要再进行干燥处理，使其含水率降至13%以下。在养猪场中常用的堆肥处理设备有自然堆肥、堆肥发酵塔和螺旋式充氧发酵仓等（图1-12、图1-13）。

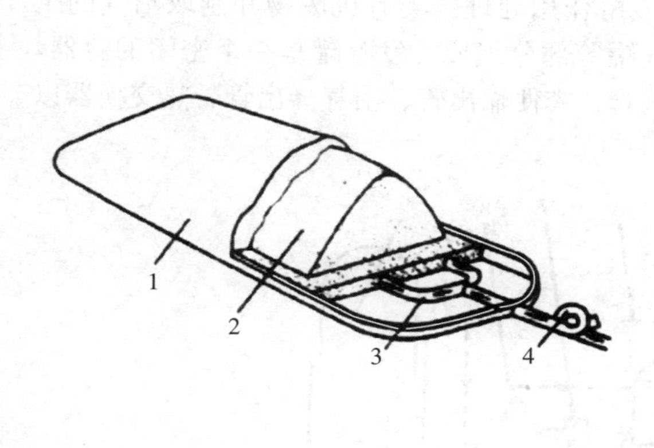

图1-12　自然堆肥

1. 表层为已腐熟的物料　2. 物料
3. 通风管　4. 风机

（引自苏振环，《现代养猪实用百科全书》，2004）

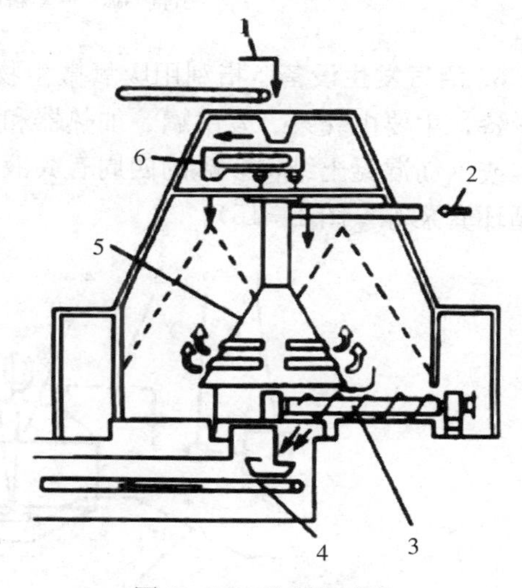

图1-13　堆肥发酵塔

1. 进料皮带　2. 空气　3. 螺旋输机
4. 输料皮带机　5. 通风装置　6. 旋转布料机

（引自苏振环，《现代养猪实用百科全书》，2004）

5. 污水处理设备　在养猪场中利用好氧性微生物对有机物的氧化分解作用对污水进

行处理时，为其提供充足的氧气，创造有利于其繁殖的良好环境的设备，称为猪场污水处理设备。常用的污水处理设备有曝气机和生物转盘。

（1）曝气机。指一种将空气中的氧有效地转移到污水中而使污水中的好氧性微生物对有机物进行氧化分解的污水处理设备（图 1-14）。

（2）生物转盘。指利用生物膜法处理污水的设备。生物转盘的主要工作部件是固定在转轴上的多片盘片。盘片的一半浸在氧化槽的污水中，另一半暴露在空气中，转轴高出水面 100～250 mm。工作时，电机带动生物转盘缓慢转动，污水从氧化槽中流过。

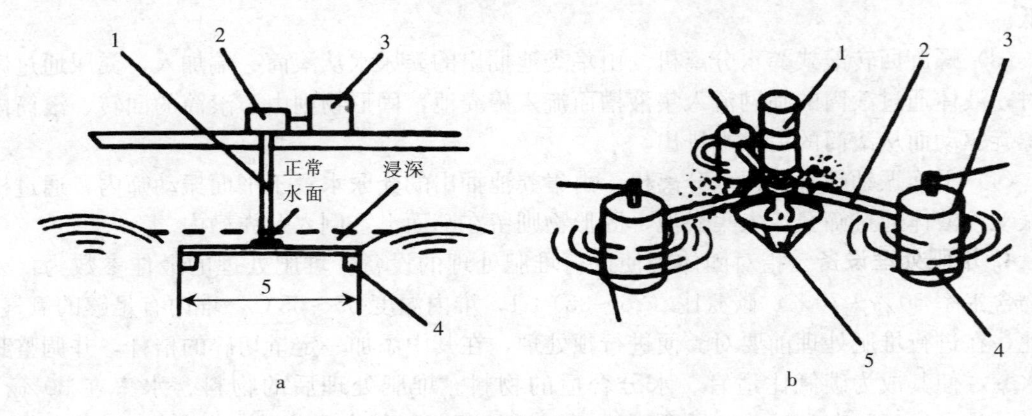

图 1-14　叶轮型曝气机的安装

a. 固定式安装　1. 传动轴　2. 减速机　3. 电机　4. 叶轮　5. 氧化槽

b. 浮筒式安装　1. 减速机　2. 臂　3. 钢索　4. 浮筒　5. 曝气机

（引自苏振环，《现代养猪实用百科全书》，2004）

6. 沼气发生设备　指利用厌氧微生物的发酵作用处理各类有机废物并制取沼气的工程设备，主要由粪泵、发酵罐、加热器和贮气罐等部分组成。发酵罐是一个密闭的容器，为砖或钢筋混凝土结构。罐的四周有粪液输入管、粪便输出管、沼气导出管、热交换器以及循环粪泵等（图 1-15）。

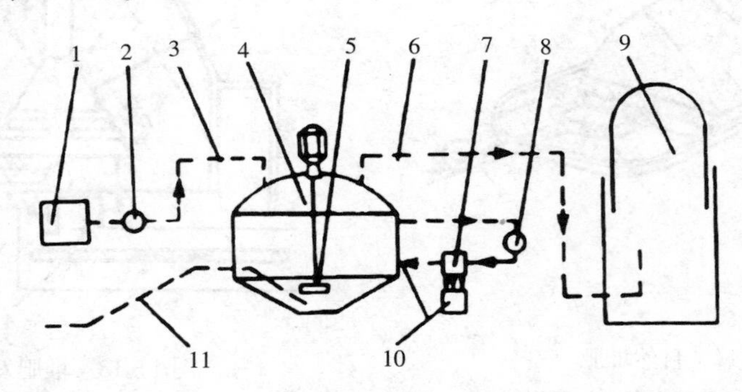

图 1-15　沼气发生设备

1. 贮粪池　2. 粪泵　3. 粪液输入管　4. 发酵罐

5. 搅拌器　6. 沼气导出管　7. 热交换器　8. 循环粪泵

9. 贮气罐　10. 加热器　11. 腐熟粪便排出管

（引自苏振环，《现代养猪实用百科全书》，2004）

7. 死猪处理设备　常用的死猪处理设备有腐尸坑和焚化炉。

（1）腐尸坑。也称生物热坑。腐尸坑用来处理在流行病学及兽医卫生学方面具有危险性的死猪尸体。一般坑深 9～10 m，内径 3 m，坑底及壁用防渗、防腐材料建造。坑口要高出地面，以免雨水进入。腐尸坑内死猪不要堆积太满，放入死猪后要将坑口密封，一段时间后，微生物分解死猪所产生的热量可使坑内温度达到 65℃，经过 4～5 个月的高温分解，就可以消灭病菌。猪尸腐烂达到无害化，分解物可作肥料。

（2）焚化炉。焚化炉指用于处理因烈性传染病而死亡的猪的炉具。在焚化炉中添加燃油对死猪进行焚烧，通过焚烧可以将病死猪烧为灰烬，彻底消灭病毒、病菌。用焚化炉处理死猪方便迅速，干净卫生。

三、其他常用设备

1. 饲料加工设备。如粉碎机、制粒机、搅拌机等。

2. 运输工具。如仔猪运输车、运猪车和粪便运输车等。

3. 兽医设备及日常用具。如检疫、检验和治疗设备，妊娠诊断器，耳号牌、抓猪器等。

能力转化

一、技能活动

1. 活动任务　参观与分析妊娠母猪舍。

2. 材料　妊娠母猪舍、皮尺、铅笔、绘图纸、绘图仪等。

3. 方法步骤

（1）在指导教师或技术员带领下，参观妊娠母猪舍。

（2）分组测量妊娠母猪舍的有关数据并记录。

（3）分析该猪舍设计是否合理。

（4）绘制妊娠母猪舍平面图。

二、名词解释

环境控制设备　通风降温设备　湿帘—风机降温系统　喷雾降温系统　喷淋降温或滴水降温系统　全气候环境控制系统　清粪设备　冲水设备

三、简答题

1. 简述猪场常用的清洁消毒设备。

2. 简述废弃物处理设备的使用。

第二单元

猪的常用饲料及其调制技术

项目一　猪的常用饲料
项目二　各类猪饲料配方
项目三　饲料的加工调制与生产

【学习目标】

1. 了解猪常用饲料的种类，熟悉各种饲料的营养特点。
2. 掌握各类猪饲料配方中各种饲料的大致比例。
3. 了解猪饲料的加工调制方法，能够正确理解与使用浓缩饲料、添加剂预混料、全价配合饲料。

项目一　猪的常用饲料

知识储备

凡是直接或经过加工调制后能用来喂养动物，并能被动物消化吸收，供给其生长、繁殖和生产所需营养的物质都可作为猪的饲料。饲料是生产猪肉的原料，是发展养猪业的重要物质基础。饲料中所含有的营养成分，主要包括水分、蛋白质、碳水化合物、脂肪、维生素和矿物质。根据饲料的营养特性，可将其分为八大类：青绿饲料、青贮饲料、粗饲料、能量饲料、蛋白质饲料、矿物质饲料、维生素饲料和饲料添加剂。下面分别介绍各类饲料的营养特性和利用方法。

一、青绿饲料

青绿饲料是指含水量在60％以上的青绿多汁的植物性饲料。包括树叶类、非淀粉质的块根、块茎、瓜果类，也包括天然草地牧草、栽培牧草、蔬菜类、作物茎叶、枝叶及水生植物等。其特点是幼嫩多汁，适口性好，易于消化吸收，蛋白质丰富，品质优良，并含有较多的维生素、矿物质，是一种营养价值高的饲料。特别在冬春季节，对维持猪日粮的平衡、提高养猪经济效益起着重要的作用。

青绿饲料蛋白质含量较高，一般占干物质的10％～20％，豆科植物含量更高；蛋白质品质较好，赖氨酸含量较玉米高1倍以上。青绿饲料含有丰富的维生素，如胡萝卜素比玉米籽实高50～80倍，核黄素高3倍，泛酸高近1倍，并富含尼克酸、维生素C、维生素E、维生素K等。青绿饲料含有丰富的矿物质，钙、磷含量高，且比例合适，镁、钾、钠、氯、硫等含量也较高。青绿饲料中粗纤维所含木质素少，易于消化。因此，饲喂适量的青绿饲料，不但可以节省精料，而且可以完善饲料营养，使养猪生产获得比单喂精料更高的经济效益。

另外，青绿饲料也有一定的缺点，如水分含量高，一般在70％～95％；粗纤维含量高，占干物质的18％～30％，喂多了对猪也有负面效应。青绿饲料还受季节、气候、生长阶段的影响与限制，生产供应和营养价值很不稳定，为配制平衡饲料增加了难度。同时，种、割、储、喂费工费时，极不方便。所以，许多规模化猪场使用添加多种维生素的全价饲料，不再喂给青绿饲料。不过，实践证明，喂给种猪全价配合料时，再补饲一些青绿饲料，会取得更好的效果。如在妊娠前期，由于适当限饲易引起饥饿感，母猪躁动不安，不利于胚胎着床和发育，饲喂青绿饲料，既可很好地解决猪饥饿感的问题，又可提高繁殖性能。

总之，青绿饲料喂与不喂，喂多少，应根据具体情况而定。如果青绿饲料来源充足、便利，价格低廉，各类猪青绿饲料的喂量可按推荐量（占饲料干物质）使用：生长育肥猪3%～5%，后备母猪15%～30%，妊娠母猪25%～50%，泌乳母猪15%～35%。在青绿饲料不太充足的情况下，则应优先保证种猪的需要。青绿饲料喂猪应以优质、幼嫩的为好，如苜蓿、苦荬菜、蔬菜类和一些水生饲料等。

二、青贮饲料

青贮饲料指将新鲜的青绿多汁饲料在收获后直接或经适当的处理后，切碎、压实，密封于青贮窖、壕或塔内，在厌氧环境下，通过乳酸发酵而成。包括一般青贮、半干青贮和添加剂青贮。其营养特点是：含水约70%，在发酵过程中部分蛋白质被分解为酰胺和氨基酸，大部分无氮浸出物分解为乳酸，粗纤维质地变软，胡萝卜素含量丰富，酸香可口。青贮饲料的消化率高、适口性好，同时还具有轻泻作用。其营养价值因青贮原料不同而异。

（一）青贮饲料的种类

1. 一般青贮 将原料切碎、压实、密封，在厌氧环境下使乳酸菌大量繁殖，从而将饲料中的淀粉和可溶性糖变成乳酸。当乳酸积累到一定浓度后，便抑制腐败菌的生长，将青绿饲料中的养分保存下来。

2. 半干青贮（低水分青贮） 原料水分含量低，使微生物处于生理干燥状态，生长繁殖受到抑制，饲料中微生物发酵弱，养分不被分解，从而达到保存养分的目的。该类青贮由于水分含量低，其他条件要求不严格，故较一般青贮扩大了原料的范围。

3. 添加剂青贮 在青贮时加进一些添加剂来影响青贮的发酵作用。如添加各种可溶性碳水化合物、接种乳酸菌、加入酶制剂等，可促进乳酸发酵，迅速产生大量乳酸，使pH很快达到要求（3.8～4.2）；或加入各种酸类、抑菌剂等可抑制腐败菌等不利于青贮的微生物的生长，例如，黑麦草青贮可按10g/kg的比例加入甲醛/甲酸（3∶1）的混合物；或加入尿素、氨化物等可提高青贮饲料的养分含量。这样可提高青贮效果，扩大青贮原料的范围。

（二）青贮饲料的制作

青贮饲料是通过控制发酵，使饲草保持多汁状态而长期贮存的方法。几乎所有的饲草均可制成青贮饲料。制作青贮饲料，首先要建青贮窖。青贮窖可以是临时的，在地势较高、能排水和便于取用的地方挖一长方形窖，挖出的土堆积在窖周围，使窖最终约1/3在地下，2/3在地上；也可建永久性的窖，即在地面上修三面水泥墙。一般农户就在地面上制作青贮料，只要能做到压紧、封严即可。

三、粗饲料

凡干物质中粗纤维含量在18%以上的饲料均属粗饲料。包括干草类、农副产品类（包括荚壳、藤蔓、秸秆、秧）、绝干物中粗纤维含量为18%及以上的糟渣类和树叶类。

营养特点是粗纤维含量高，不易消化，体积大，适口性较差。同时，饲料中含钙较多，磷较少，维生素D较多，其他维生素含量则较少。饲喂效果不及青绿饲料。粗饲料的质量差别较大，效果各异。

衡量粗饲料质量的主要指标，首先是粗纤维含量的多少，木质化的程度，其次是所含其他营养物质的数量和质量。一般来说，豆科粗饲料优于禾本科粗饲料，嫩的优于老的，绿色的优于枯黄的，叶片多的优于叶片少的。如苜蓿等豆科干草、野生青干草、花生秧、大豆叶、甘薯藤等，粗纤维含量较低，一般在18%～30%，木质化程度低，并富含蛋白质、矿物质和维生素，营养全面，适口性好，较易消化。在育肥猪及种猪饲料中适当搭配，具有良好效果。而秸秆、秕壳饲料（如小麦秸、稻草、花生壳、稻壳、高粱壳等）粗纤维含量极高，一般为30%～65%；而且木质化程度高，质地粗硬，猪难以消化。如用这类饲料喂猪，不仅对猪没有好处，而且会起副作用。所以用粗饲料喂猪应注意质量，同时要进行合理的加工调制，掌握适当喂量。注意适宜的收割时间和贮藏方法，防止粗老枯黄。

1. 青干草 青干草是在没有结籽实前割下来干制而成的。由于干制后仍保持一定的绿色，故称青干草。干制青草的目的是保存青饲料的营养价值。晒制干草含有维生素，但营养物质损失较多。

青干草的营养价值取决于制造它们的原料种类、生长阶段及调制技术。就原料而言，豆科植物，如苜蓿、三叶草、草木樨等含有较丰富的蛋白质、矿物质和维生素。如果豆科植物在青干草中占的比例大，青干草的质量就好，否则质量就差。

青草的生长阶段对其营养成分影响很大。因此，晒制干草的植物，应在产量很高和营养物质最丰富的时期收割。禾本科植物一般在抽穗期，豆科植物一般在孕蕾期或初花期收割晒制干草，此时，营养价值高，含粗蛋白质、胡萝卜素多，含粗纤维少。

调制青干草的方法是否得当，对保存营养、减少损失影响极大。特别是蛋白质和胡萝卜素营养的损失最为明显。方法不当时，前者损失可达20%～50%，后者可达80%。实践证明，人工快速干燥（机械干燥）营养损失少，一般可保存90%～95%的养分。

我国目前以地面晒制为主，但应注意晒制方法，以减少损失。一般先采用薄层平铺暴晒4～5 h，水分由65%～85%减少到38%左右，即可堆成高1 m、直径1.5 m的小堆，继续晾晒4～5 d，待水分下降到17%，最好在水分降到15%以下时上垛。

优质干草的颜色为青绿色且有光泽，叶片保存较多，具有芳香气味。色泽枯黄，蛋白质及胡萝卜素含量较低，暗褐色发霉的干草不能用来喂猪。

青干草喂猪前应粉碎，最好在1 mm以下，一般越细越好。猪饲料中适当搭配青干草粉可以节约精料，降低饲养成本，提高经济效益，幼猪及育肥猪喂量为1%～5%，种猪为5%～10%。

2. 树叶 一般可以用来喂猪的优质树叶有榆、桑、槐、紫穗槐、松、柳、杨等树叶（针）。此外，各种果树，如杏、桃、梨、枣、苹果、葡萄等树叶也可用来喂猪。树叶的特点是粗纤维含量较低，粗蛋白质含量较高，但因季节不同而有较大差异，饲喂时应加以注意。另外，树叶含有单宁，有涩味，猪不爱吃，喂多了易引起便秘。除晒干的树叶粉碎后可加入饲料喂猪外，还可用新鲜树叶或青贮、发酵后的树叶喂猪。

四、能量饲料

能量饲料是指干物质中粗纤维含量低于18%，粗蛋白质含量低于20%的饲料。其营养特性是含有丰富的易于消化的淀粉，是猪所需能量的主要来源；但这类饲料蛋白质、矿物质和维生素的含量低。主要包括谷实类，糠麸类，禾本科籽实及其加工副产品，淀粉质的块根、块茎等。其营养特点是体积小、水分少、粗纤维少、易消化。

1. 禾谷类籽实　禾谷类籽实是指禾本科植物成熟的种子，主要包括玉米、高粱、大麦、燕麦、小麦、稻谷、小米等。这类饲料的特点是含有丰富的无氮浸出物，占干物质的70%～80%，其中主要是淀粉，占80%～90%。其消化率很高，消化能大都在13MJ/kg以上。缺点是蛋白质含量低，仅为8.5%～12%。单独使用该类饲料不能满足猪对蛋白质的需要；赖氨酸、蛋氨酸含量也较低；缺钙，钙、磷比也不合适，缺乏维生素A（除黄玉米外）和维生素D。

（1）玉米。产量高，能值高，适口性好，对动物无任何副作用，具有“饲料之王”的美称。缺点是蛋白质含量低，仅有8.5%左右，赖氨酸、蛋氨酸、色氨酸和胱氨酸的含量较低，矿物质和维生素不足，但黄玉米含胡萝卜素较多，可在猪体内转变为维生素A。另外，玉米含脂肪多，并且不饱和脂肪酸所占比例较大，粉碎后易酸败变质、发苦，口味变差，不宜久储，夏季粉碎后宜在7～10 d喂完。

玉米籽实不易干，含水量高的玉米容易发霉，尤以黄曲霉菌和赤霉菌危害最大。黄曲霉毒素具有致癌作用。据试验，饲料含赤霉烯酮0.000 2%，可使母猪卵巢病变，抑制发情，减少产仔数，公猪性欲降低，配种效果变差；含赤霉烯酮0.006%～0.008%时，可使初产母猪全部流产，在生产上应引起注意。

（2）高粱。营养成分比玉米略低，其价值相当于玉米的70%～95%；蛋白质品质也稍差，缺乏胡萝卜素。另外，高粱中含有单宁，有涩味，适口性差，喂量过多，易引起便秘，但对仔猪非细菌病毒性腹泻有止泻作用。

（3）大麦。多带皮磨碎，粗纤维含量较高，其营养价值相当于玉米的90%左右。大麦含蛋白质较高，为11%～12%，品质较好，含脂肪低，喂育肥猪可获得白色硬脂的优质猪肉。

（4）小麦。蛋白质含量较玉米高，能量比玉米略低，适口性较玉米好，其营养价值相当于玉米的100%～105%，但其中含有阿拉伯木聚糖、β-葡聚糖、植酸、外源凝集素等抗营养因子，其中最主要的是阿拉伯木聚糖，每千克干物质含量高达61g，其主要抗营养特性是高黏稠性和持水性，喂量过高可引起腹泻，一般不宜超过饲料的30%，否则需添加小麦专用酶或复合酶。小麦作饲料时宜粗磨，以免糊口。

（5）稻谷。稻谷含有稻壳，粗纤维水平较高，其营养价值仅为玉米的80%～85%。

2. 糠麸类

（1）小麦麸。即麸皮，由小麦的种皮、糊粉层与少量的胚和胚乳组成，其营养价值因面粉加工工艺不同而异。小麦籽实由胚乳（85%）、种皮与糊粉层（13%）及麦胚（2%）组成。在面粉生产过程中，不是全部胚乳都可转入到面粉中。上等面粉只有85%左右的胚乳转入面粉，其余的15%与种皮、胚等混合组成麸皮，这样的麸皮占籽实重的28%左右，故每 100 kg 小麦可生产面粉 72 kg、麸皮 28 kg，这种麸皮的营养价值较高。如果面粉质量要求不高，不仅胚乳在面粉中保留较多，甚至糊粉的一部分也进入面粉，则生产的面粉较多，可达 84%，而麸皮产量较少，仅 16%，这样，面粉与麸皮两方面的营养价值都降低。

麸皮的种皮和糊粉层粗纤维含量较高（8.5%～12%），营养价值较低，因而，麸皮的能值较低，消化能为 9.7～12.6 MJ/kg。麸皮的粗蛋白质含量较高，可达 12.5%～17%，其质量也高于麦粒，含赖氨酸 0.67%；B 族维生素含量丰富；含钙少，含磷多，几乎成 1∶8 的比例。

麸皮容积较大，可调节饲料营养浓度，具有轻泻作用，适宜喂母猪，可调节消化道机能，防止便秘，一般喂量为 5%～25%。

（2）米糠。是糙米加工成白米时分离出的种皮、糊粉层和胚 3 种物质的混合物。与麦麸情况一样，其营养价值视白米加工程度不同而异。米糠的蛋白质含量高，为 12%左右，脂肪含量高，且多为不饱和脂肪酸，易氧化酸败，不易贮藏。富含 B 族维生素，含钙少，含磷多，喂量一般不超过 30%。育肥猪喂量过多易引起软质肉脂，幼猪喂量过多易引起腹泻。

3. 淀粉质块根块茎类 甘薯、马铃薯等常被列入多汁饲料，但含水分比多汁饲料少，为 70%～75%；粗纤维含量低，占干物质的 4%左右；钙含量也较少。有黑斑病的甘薯不要喂猪，以免中毒。

五、蛋白质饲料

蛋白质饲料是指干物质中粗纤维含量在 18%以下，粗蛋白质含量为 20%及以上的饲料。包括豆科籽实、油饼（粕）类、糟渣类、动物性蛋白类和单细胞蛋白类。这类饲料粗纤维含量低，可消化养分多，容重大，属于精饲料，是配合饲料的基本成分。

1. 豆科籽实 豆科籽实包括黄豆、黑豆、蚕豆、豌豆等，其特点是蛋白质含量高（20%～40%），品质优良，但含有多种有毒有害的抗营养因子。大豆含有蛋白酶抑制剂、植物性红细胞凝集素、皂苷、胃肠胀气因子、植酸，以及抗维生素、致甲状腺肿物质和类雌激素因子等，其中最主要的是蛋白酶抑制剂，它也存在于豌豆、蚕豆、油菜籽等植物中，特别是豆科植物，但以大豆中的活性最高。其有害作用主要是抑制某些酶对蛋白质的消化，降低蛋白质的消化利用率，引起胰腺重量增加，抑制猪的生长。

一般认为，大豆用水泡至含水量 60%时，蒸煮 5 min 或常压蒸汽加热 30 min 或 1 kg 压力蒸汽加热 15～20 min，去毒效果较好。大豆经膨化可降低抗营养因子的活性，用于幼猪可取得良好效果。

2. 油饼（粕）类饲料 饼粕类的生产技术有两种，即溶剂浸提法与压榨法。前者的副产品为粕，后者的副产品为饼。粕的蛋白质含量高于饼，饼的脂肪含量高于粕，并且由于压榨法的高温、高压导致蛋白质变性，特别是赖氨酸、精氨酸破坏严重，同时也破坏有毒有害物质。

（1）豆饼（粕）。蛋白质含量高，豆饼 42%以上，豆粕 45%以上，品质优良；赖氨酸、色氨酸含量较多，蛋氨酸含量较少；粗纤维 5%左右，能值较高；富含核黄素与烟酸，胡萝卜素与维生素D含量少。在植物性蛋白质饲料中，豆饼（粕）的质量最好。但是，大豆中的有毒有害物质，因加工条件不同而不同程度地存在于豆饼（粕）中，从而降低蛋白质及其他营养物质的消化吸收率，易引起猪尤其是幼猪腹泻，增重降低，饲料转化率降低。加热虽然可以破坏这些有毒有害物质，但加热过度也会导致蛋白质中某些氨基酸被破坏。大豆制品中含有脲酶，容易检测，所以常采用测定脲酶活性来衡量大豆饼（粕）的热处理程度。

（2）花生饼。含粗蛋白质41%以上，蛋白质品质低于豆饼，赖氨酸、蛋氨酸含量较低。花生饼有甜香味，适口性好。但容易变质，不宜久贮，特别容易发霉，产生黄曲霉毒素，对幼猪毒害最大，贮存时应注意保持低温、干燥。

（3）棉籽饼（粕）。含粗纤维较高，一般在14%左右，含粗蛋白质30%～40%，赖氨酸含量低，只有豆饼的60%，消化率也比豆饼低25%。据测定，所有必需氨基酸的消化率，豆饼为84.2%，棉籽饼为72.7%。

棉籽中含有毒有害物质，其中主要是棉酚，含量为1%～1.7%，经过榨油加工，存在于棉籽中的棉酚大部分转入油中，部分受热与棉籽中的蛋白质结合形成对猪无毒的结合棉酚，但仍有部分棉酚呈游离状态残留在饼（粕）中。

生产上为了充分利用棉籽饼，对含毒较高的棉籽饼（粕）应进行去毒处理。棉籽饼（粕）加水煮沸1 h可去毒75%；0.4%硫酸亚铁、0.5%石灰水浸泡2～4 h，效果较好。按铁与棉酚1∶1的比例在饲料中加入硫酸亚铁，可起到解毒作用。

（4）菜籽饼（粕）。含粗蛋白质35%～40%，赖氨酸含量比豆饼低，蛋氨酸含量较高，蛋白质消化率为75%～80%，低于豆饼蛋白，粗纤维10%左右。

菜籽饼（粕）中含有硫葡萄糖苷、芥子碱、芥酸、单宁等有毒有害成分，其中主要是硫葡萄糖苷，含量为3%～8%，但其本身并没有毒性，而是在发芽、受潮、压碎等情况下，菜籽中伴随的硫葡萄糖苷酶，可将其分解为异硫氰酸酯、噁唑烷硫酮等有毒物质。硫葡萄糖苷还可在酸碱的作用下水解，并且比酶解更快。

为了合理利用菜籽饼，可对其进行去毒处理，如水浸法，将菜籽饼（粕）浸泡数小时，再换水1～2次。坑埋法，将菜籽饼（粕）先用水拌而后封埋于土坑中30～60 d，可去除大部分毒素。另外，还有硫酸亚铁处理法、碳酸氢钠处理法、加热法、微生物发酵法等。对于未脱毒的菜籽饼（粕）应控制喂量，一般种猪与仔猪不超过饲料的5%，育肥猪不超过10%～15%，与其他饼类搭配使用比单一使用效果好。近年来，双低油菜已广泛种植，其菜籽饼（粕）的有毒有害成分明显降低。据试验，达到双低标准的菜籽饼（粕）代替50%～75%豆饼（粕）是安全的，故生产上尽可能使用双低（低芥酸、低硫苷）菜籽饼（粕）。

3. 糟渣类　猪常用的糟渣有粉渣、豆腐渣、酱油渣、醋糟、酒糟等。由于原料和产品种类不同，各种糟渣的营养价值差异很大，主要特点是含水量高，不易贮存。按干物质计算，许多糟渣可归入蛋白质饲料，但有些糟渣的粗蛋白质含量达不到蛋白质饲料水平。

（1）粉渣。是制作粉条和淀粉的副产品。由于大量淀粉被提走，所以，残存物中粗纤维、粗蛋白质、粗脂肪等含量均相应比原料高。粉渣的质量好坏因原料不同而有所不同，以玉米、甘薯、马铃薯等为原料产生的粉渣，蛋白质含量仍较低，品质也差；以绿豆、豌豆、蚕豆等为原料产生的粉渣，粗蛋白质含量高，品质好。

无论用哪种原料制得的粉渣，都缺乏钙和维生素，如长期用来喂猪，应注意补充能量、蛋白质、矿物质和维生素等营养物质，保证猪的营养平衡。

新鲜粉渣含水85%以上，如放置过久，特别是夏天气温高，容易发酵变酸，猪吃后易引起中毒。因此，用粉渣喂猪，越新鲜越好。如放置过久，酸度高的粉渣喂前最好用适量的石灰水或碳酸氢钠中和处理，然后再喂。粉渣可晒干贮存，也可窖贮，或与糠麸、酒糟混贮，贮存时含水量以65%～75%为宜。

（2）酒糟。营养价值因原料种类而异。原料主要有高粱、玉米、大米、甘薯、马铃薯等，啤酒以大麦做原料。好的粮食酒糟和大麦啤酒糟比薯类酒糟营养价值高2倍左右，但酿酒过程中常加入稻壳，使酒糟营养价值降低。

酒糟干物质含粗蛋白质20%～30%，蛋白质品质较差。酒糟中含磷和B族维生素丰富，缺乏胡萝卜素、维生素D和钙质，并残留部分酒精。

酒糟不宜大量喂种猪，以免影响其繁殖性能。育肥猪大量饲喂易引起便秘，最好不要超过饲料的1/3，并注意与其他饲料搭配，保持营养平衡。

酒糟含水65%～75%，如放置过久，易产生游离酸和杂醇，猪吃后易引起中毒。因此，宜用鲜酒糟喂猪或妥善贮藏。

（3）豆腐渣、酱油渣。主要是以大豆或豆饼为原料加工豆腐和酱油的副产品。由于提走部分蛋白质，豆腐渣和酱油渣蛋白质水平较原料低，其他成分提高。一般干渣含粗蛋白质20%～30%，品质较好。

豆腐渣含蛋白酶抑制物质，喂多了易腹泻，也缺少维生素，以喂前煮熟为好。酱油渣含较多的食盐（7%～8%），不能大量喂猪，以免引起食盐中毒。

鲜豆腐渣含水80%以上，鲜酱油渣含水70%以上，易腐败变质，为此，可晒干贮藏，或与酒糟窖贮，也可单独窖贮。

4. 单细胞蛋白质类 指用饼（粕）或玉米面筋等做原料，通过微生物发酵而获得的含大量菌体蛋白的饲料，包括酵母、真菌、藻类等。目前，酵母应用较广泛，一般含蛋白质40%～80%。除蛋氨酸和胱氨酸较低外，其他各种必需氨基酸的含量均较丰富，仅低于动物蛋白质饲料。酵母富含B族维生素，磷含量高，钙较少，一般喂量为饲料的2%～3%。

5. 动物性蛋白质类 为鱼类、肉类和乳品加工的副产品以及其他动物产品的总称。猪常用的动物性蛋白质饲料有鱼粉、血粉、羽毛粉、肉粉、肉骨粉、蚕蛹、全乳和脱脂乳以及乳清粉等。其特点是蛋白质含量高，大都在55%以上；各种必需氨基酸含量高，品质好，几乎不含粗纤维；维生素含量丰富，钙、磷含量高，是一种优质蛋白质补充料。

（1）鱼粉。品质优良的鱼粉呈金黄色，脂肪含量不超过8%，干燥而不结块，水分不高于15%，食盐含量低于4%；蛋白质含量在60%以上，富含谷物类饲料缺乏的胱氨酸、蛋氨酸和赖氨酸；维生素A、维生素D和B族维生素多，特别是植物性饲料容易缺乏的维生素B_{12}含量高；矿物质量多质优，富含钙、磷、锰、铁、碘等，若钙、磷含量过多，则鱼骨多，品质差。因鱼粉价格较高，一般只用于喂幼猪和种猪，用量在10%以下。

（2）肉骨粉。肉骨粉是人不适宜食用的畜禽躯体、骨头、胚胎、内脏及其他废物制成。蛋白质含量30%～55%，消化率60%～80%；赖氨酸含量高，钙、磷、锰含量高；用量为猪饲料的10%左右。正常肉骨粉呈黄色，有香味；发黑而有臭味的肉骨粉不能饲用。

(3) 血粉。屠宰家畜时得到的血液经干燥制成。方法有常规干燥、快速干燥、喷雾干燥，其中以喷雾干燥获得的血粉消化利用率最高，常规干燥的血粉消化利用率最低。血粉含蛋白质80%以上，但蛋氨酸、异亮氨酸和甘氨酸含量低。在猪饲料中添加一般不超过5%，在仔猪饲料中添加1%～3%具有良好效果。如果干燥前将血浆与血细胞分离，制成喷雾干燥血浆粉，蛋白质含量为68%左右，赖氨酸为6.1%，在仔猪饲料中添加6%～8%，代替脱脂奶粉，能取得良好效果。

六、矿物质饲料

指工业合成或天然的单一矿物质饲料，多种混合的矿物质饲料，以及配合有载体的微量、常量元素饲料，此类饲料一般不含有能量和蛋白质。植物饲料中一般含有矿物质元素，但满足不了猪的需要，给猪配制饲料时还要额外补充矿物质饲料。目前需要补充的主要是食盐、钙和磷，其他微量元素作为添加剂补充。

1. 食盐　食盐不仅可以补充氯和钠，而且可以提高饲料适口性，一般占饲料的0.2%～0.5%，过多可发生食盐中毒。

2. 含钙的矿物质饲料　主要有石粉、贝壳粉、轻质碳酸钙等，含钙量为32%～40%。新鲜蛋壳与贝壳含有机质，应防止变质。

3. 含磷的矿物质饲料　多属于磷酸盐类，有磷酸钙、磷酸氢钙、骨粉等。本类矿物质饲料既含磷，也含钙。磷酸盐同时含氟，但含氟量一般不超过含磷量的1%，否则需进行脱氟处理。

4. 其他几种矿物质饲料　除上述矿物质饲料外，还有氟石、麦饭石、膨润土、海泡石、滑石、方解石等广泛应用于畜牧业。

七、维生素饲料

维生素是维持畜禽正常生理机能所必需的低分子有机化合物。与其他营养物质相比，畜禽对维生素的需要量极微，但却是必不可少的。缺乏维生素会使动物机体生理失调，食欲减退，生长停滞，最后表现出一些特有的疾病症状——维生素缺乏症。所以，维生素是维持生命的营养要素。

维生素分为脂溶性和水溶性两大类。脂溶性维生素主要有维生素A、维生素D、维生素E、维生素K。缺乏脂肪，脂溶性维生素就不能被消化吸收。水溶性维生素包括B族维生素（维生素B_1、维生素B_2、维生素B_6、维生素B_{12}、尼克酸、泛酸、叶酸、生物素、胆碱等）及维生素C等。

维生素饲料指工业合成或提纯的单一维生素或复合维生素，不包括某项维生素含量较高的天然饲料。青饲料中含有丰富的蛋白质、维生素和矿物质，猪正常生长发育需要的14种维生素，除维生素B_{12}外青饲料都有，加喂青饲料是补充维生素，降低饲养成本的好方法。

八、饲料添加剂

饲料添加剂是指为了平衡猪日粮中的营养成分和提高其饲养效果而添加的一些营养性物质（包括氨基酸、单细胞蛋白、矿物质和维生素）和非营养性物质（包括促生长剂、饲料保护添加剂、食欲增进添加剂和产品质量改进添加剂等）。其作用是完善饲料的全价性，提高饲料转化率，促进生长，防治疾病。就非营养性添加剂而言，在使用时应注意安全、经济和使用方便。

养猪生产中，补充何种饲料添加剂及补充多少，主要取决于猪的饲料状况和实际需要，缺什么补什么，缺多少补多少，合理使用。使用前应考虑添加剂的效价和有效期，并注意其用量、用法、限用和禁用等规定。

1. 营养性添加剂 主要用于平衡饲料养分，包括氨基酸、微量元素和维生素添加剂。

（1）氨基酸添加剂。赖氨酸和蛋氨酸是植物性饲料容易缺乏的两种必需氨基酸。根据猪的营养需要，饲料中添加适量市售氨基酸，可以节省蛋白质饲料，提高猪的生产性能。研究显示，1 g 赖氨酸可代替 10 g 以上的蛋白质，相当于 20 g 以上的鱼粉。

（2）微量元素添加剂。猪常用饲料中，容易缺乏的微量元素主要有铁、铜、锌、锰、碘、硒等。给猪配合饲料时，需另外添加微量元素。常用的原料主要是无机矿物盐，还有有机酸矿物盐和氨基酸矿物盐。生产中，为了方便使用，总是将几种或 10 多种矿物质添加剂预先配制成复方矿物质添加剂，或称矿物质预混料，使用时再按规定均匀地混合于饲料中。

（3）维生素添加剂。作为添加剂的维生素有维生素 A、维生素 D、维生素 K_3、维生素 E、维生素 B_1、维生素 B_2、维生素 B_6、维生素 B_{12}、泛酸钙、氯化胆碱、烟酸、叶酸、生物素、维生素 C 等。

维生素的添加量除考虑猪的维生素需要量外，还应注意维生素添加剂的有效性、饲料组成、环境条件和猪的健康状况等。在维生素的有效性低，猪处于高温、严寒、疾病和接种疫苗等情况下，饲料中维生素的添加量应高于饲养标准中规定的维生素需要量。据测定，在（25±3）℃条件下，预混料中的维生素 A 在 16 周后损失 56%，维生素 B_2 和维生素 B_5 在 27 周后分别损失 54%和 9%。因此，生产上制成预混料后，贮存时间又超过了 3 个月，维生素超量添加幅度为 5%～10%以上。

2. 非营养性添加剂 非营养性添加剂具有刺激动物生长、提高饲料转化率、改善动物健康等功效，包括抗生素、抗菌药物、调味剂、有机酸、激素、酶制剂等。

（1）抗生素与抗菌药物。前者为微生物代谢产物，后者为人工合成。具有抑制和杀灭大多数细菌的作用，高浓度时可以预防和治疗疾病，低浓度时可提高猪的生产性能。在幼猪和环境条件较差的情况下，效果更加显著。但是，使用抗生素与抗菌药物添加剂时，其兽药品种、使用年龄、用量、停药期等应严格遵守有关规定。

（2）酸化剂。酸化剂是近年来研究开发、主要用于仔猪日粮以调整消化道内环境的一类添加剂，即为补充仔猪胃液分泌不足，降低胃内 pH 而添加于饲料中的一类物质，包括无机酸、有机酸、复合酸及其盐类。添加酸化剂的饲料称为酸化饲料。

在仔猪补充日粮或断奶日粮中添加酸化剂，可起到补充胃酸分泌不足、激活酶原、抑制病原增殖、防止仔猪下痢、改进生产性能、降低死亡率等作用。此外，较低的胃内 pH 降低胃内容物排空速度，有利于养分的消化吸收。有机酸化剂还可作为动物的能源。有的有机酸以络合剂的形式促进矿物元素的吸收；有的（如柠檬酸等）还可起到调味剂的作用，促进仔猪采食。

（3）酶制剂。猪对饲料养分的消化能力取决于消化道内消化酶的种类和活性。近二三十年的研究和实践证明，适应猪消化道内环境的外源酶能起到内源酶同样的消化作用。饲料中添加外源酶在辅助猪消化，提高猪的消化力，改善饲料转化率，扩大饲料资源，消除饲料抗营养因子和毒素的有害作用，全面促进饲料养分的消化吸收和利用，提高猪的生产性能和增进健康，减少粪便中氮和磷等的排出量，保护和改善生态环境等方面具有重要作用。

目前，世界上研制和使用的饲用酶，主要有酸性蛋白酶、中性蛋白酶、α-淀粉酶、β-淀粉酶、异淀粉酶、纤维素酶、β-葡聚糖酶、戊聚糖酶、果胶酶、植酸酶等。在仔猪日粮中添加酶制剂，可提高营养物质消化率，促进增重，改善饲料转化率，降低仔猪腹泻发生率。在生长猪饲料中添加复合酶制剂，可以提高日增重、改善饲料转化率和提高经济效益。

能力转化

一、名词解释

青绿饲料　青贮饲料　粗饲料　能量饲料　蛋白质饲料　饲料添加剂

二、问答题

根据饲料的营养特性，可将其分为哪几大类？各有何主要特点？具体包括哪些饲料？

项目二 各类猪饲料配方

知识储备

一、配合饲料的注意事项

猪的日粮是指1昼夜内1头猪所采食的各种饲料的总和。按照日粮中各种单一饲料比例配制而成的大量混合饲料称之为饲料。饲料应营养全面，适口性好，容易消化，体积合适，成本低。因此，在配合饲料时，应注意以下几点：

1. 要按照饲养标准确定饲料的营养指标 配合饲料时，必须选择与猪的品种、性别、体重及不同生理阶段等相适应的饲养标准。确定营养指标，计算营养需要量。

2. 注意饲料的质地和品质 要根据猪的生理特点，选用适口性好、品质优良的饲料，不能使用发霉、变质、冰冻或有毒、有害的饲料。

3. 饲料的体积与浓度要合理 在猪的饲料中，青饲料、粗饲料、糠麸类、糟渣类饲料的比例不宜过大，以30%以下为宜，使饲料既有一定的营养浓度，又有一定的体积。

4. 饲料种类要多样化，营养要全面 猪的饲料应由能量饲料（禾本科籽实、糠麸类）、蛋白质饲料（豆科籽实、饼粕和动物性饲料）、矿物质饲料（食盐、骨粉、石粉、贝壳粉等）、维生素饲料等构成，从而保证饲料的营养平衡，满足猪的维持与生产需要。

5. 要因地制宜选用饲料，以降低饲养成本 饲料成本一般占养猪成本的80%～90%，因此，尽量选择营养丰富、质量稳定、价格低廉、资源充足、当地产的饲料，并尽可能利用本地的农副产品，是降低成本、提高养猪效益的关键。

6. 配料时一定要保证搅拌均匀 瘦肉型猪饲料中各类饲料所占比例可参考表2-1。

表2-1 瘦肉型猪饲料中各类饲料所占比例（%）

饲料种类	小猪	中猪	肥猪	妊娠母猪	哺乳母猪
禾本科籽实	35～65	35～50	35～70	35～55	40～60
豆科籽实	5～15	0～10	0～10	5～15	5～15
糠、麸类	5～10	5～20	10～25	15～30	5～15
饼、粕类	10～20	5～15	5～10	10～20	10～25
动物性饲料	3～10	0～5	0～3	0～3	1～3
预混料	1～4	1～4	1～4	1～4	1～4

二、各类别猪的饲料配方举例

1. 哺乳仔猪的补料配方（表 2－2）

表 2－2　哺乳仔猪的补料配方（%）

组成	1	2	3
玉米	41.0	40.0	62.0
豌豆	8.0		
蚕豆	10.0		
麸皮	11.0	10.0	5.0
大麦		30.0	
豆饼		10.0	28.0
碳酸钙	1.0		
花生仁粕	27.0		
骨粉		1.0	
鱼粉		8.5	
白糖			4.7
磷酸钙	1.5		
食盐	0.5	0.5	0.3

2. 体重 15～30 kg 仔猪的饲料配方（表 2－3）

表 2－3　体重 15～30 kg 仔猪的饲料配方（%）

组成	1	2	3	4	5	6	7	8	9
玉米	54.4	60.0	61.9	55.1	60.2	61.7	57.8	62.0	54.2
豆粕	28.6	26.7	22.0	26.5	24.8	21.0	23.4	20.9	
麦麸	13.3	9.3	9.1	10.7	9.0	8.0	7.1	8.5	10.0
菜籽粕					2.0	1.5			2.5
菜籽饼				4.0			4.0		
棉籽粕						1.8			2.5
花生饼							4.0		
花生仁粕								2.6	
石粉	1.0			1.0			1.0		
鱼粉			3.0			2.0		2.0	2.0
磷酸氢钙	1.4			1.4			1.4		
食盐	0.3			0.3			0.3		
膨化大豆									24.8
预混料	1.0	4.0	4.0	1.0	4.0	4.0	1.0	4.0	4.0

注：以上配方的营养水平为：消化能 13.17 MJ/kg，粗蛋白质 18%，赖氨酸 1.2%，钙 0.75%，总磷 0.65%。

3. 体重 30～60 kg 猪的饲料配方（表 2－4）

表 2－4　体重 30～60 kg 猪的饲料配方（%）

组成	1	2	3	4	5	6	7	8	9
玉米	51.7	59.5	60.0	62.2	62.1	60.2	51.6	49.2	51.9
豆粕	19.0	19.5	16.4	10.0	12.5	16.5	19.7	16.6	16.0
麦麸	25.0	17.0	15.6	14.0	14.0	16.5	14.7	25.0	14.1
菜籽粕			4.0	3.0	2.9				
菜籽饼								5.0	
棉籽粕				3.0	3.0				4.0
高粱							10.0		10.0
花生仁粕				2.4		2.8			
石粉	1.8							1.8	
鱼粉				1.4	1.5				
磷酸氢钙	1.2							1.1	
食盐	0.3							0.3	
预混料	1.0	4.0	4.0	4.0	4.0	4.0	4.0	1.0	4.0

注：以上配方的营养水平为：消化能 12.96 MJ/kg，粗蛋白质 16%，赖氨酸 1.0%，钙 0.70%，总磷 0.60%。

4. 体重 60 kg 以上猪的饲料配方（表 2－5）

表 2－5　体重 60 kg 以上猪的饲料配方（%）

组成	1	2	3	4	5	6	7	8	9
玉米	65.0	51.4	59.8	60.4	66.0	59.9	43.9	60.8	67.0
豆粕	11.3	9.4	13.2	9.6	7.4	10.0	8.2	11.2	2.5
麦麸	16.3	14.2	16.0	15.0	13.2	15.1	10.0	15.0	15.1
米糠		7.0	7.0	7.0		7.0	7.0	7.0	
菜籽粕						4.0			
菜籽饼					6.0				5.0
棉籽粕	3.0	4.0		4.0	3.0				
高粱		10.0							
花生仁粕							2.0	2.0	
石粉	2.0				2.0				2.0
鱼粉									2.0
小麦							24.9		
棉籽饼									4.0
磷酸氢钙	1.1				1.1				1.1
食盐	0.3				0.3				0.3
预混料	1.0	4.0	4.0	4.0	1.0	4.0	4.0	4.0	1.0

注：以上配方的营养水平为：消化能 12.54 MJ/kg，粗蛋白质 14%，赖氨酸 0.8%，钙 0.65%，总磷 0.55%。

5. 妊娠母猪的饲料配方（表 2-6）

表 2-6　妊娠母猪的饲料配方（%）

组成	1	2	3	4	5	6	7
玉米	53.7	54.6	54.0	58.7	52.0	59.0	51.9
豆粕	12.5	11.4	10.9	12.2	8.1	10.6	12.0
麦麸	19.8	30.0	20.1	25.1	30.0	25.4	25.1
菜籽饼					6.0		
高粱							7.0
石粉		1.3			1.3		
鱼粉			1.0			1.0	
磷酸氢钙		1.4			1.3		
食盐		0.3			0.3		
大麦	10.0		10.0				
预混料	4.0	1.0	4.0	4.0	1.0	4.0	4.0

注：以上配方的营养水平为：消化能 12.33 MJ/kg，粗蛋白质 14%，赖氨酸 0.9%，钙 0.85%，总磷 0.65%。

6. 哺乳母猪的饲料配方（表 2-7）

表 2-7　哺乳母猪的饲料配方（%）

组成	1	2	3	4	5	6
玉米	60.5	67.5	66.4	61.6	67.2	59.1
豆粕	16.3	12.5	19.6	13.2	17.3	14.4
麦麸	19.2	10.0	10.0	15.3	10.0	8.0
大麦						12.0
菜籽饼				6.0		
花生仁粕		5.0				
石粉	1.2			1.1		
鱼粉		1.0			1.5	
蚕蛹粉						2.5
磷酸氢钙	1.5			1.5		
食盐	0.3			0.3		
预混料	1.0	4.0	4.0	1.0	4.0	4.0

注：以上配方的营养水平为：消化能 12.75 MJ/kg，粗蛋白质 15.5%，赖氨酸 1.1%，钙 0.85%，总磷 0.65%。

7. 种公猪的饲料配方（表 2-8、表 2-9）

表 2-8　种公猪的饲料配方（%）

玉米	豆饼	大麦	小麦麸	蚕豆糠	食盐	石粉
60.0	15.0	8.0	10.0	5.0	0.5	1.5

表 2-9　种公猪高营养配方（%）

玉米	蚕豆	麦子	豆粕	黄豆	鱼粉	骨粉	食盐	多维素
45.0	18.0	10.5	14.7	5.0	5.0	1.0	0.3	0.5

能力转化

1. 配合饲料要注意哪些事项？
2. 谈谈瘦肉型猪饲料中各类饲料所占比例。

项目三 饲料的加工调制与生产

知识储备

一、饲料的加工调制方法

饲料经过加工可以改变其物理形态、化学结构、营养组成等，提高饲料的饲喂效果，是养猪生产的一个重要环节，一般包括洗净、切短、打浆、粉碎、浸泡、蒸煮、焙炒、膨化制粒等物理加工；碱化、糖化等化学加工；青贮、发酵等生物加工。常见的加工调制方法如下：

1. 青贮 将青绿饲料切短后密封，经过乳酸菌发酵制成。

2. 粉碎或磨碎 用粉碎机将饲料粉碎。

3. 打浆 用打浆机将青绿饲料打成浆液。

4. 焙炒 通过焙炒使淀粉变成糊精，产生香味。

5. 浸泡 通过浸泡使饲料变软，同时可去毒和去异味。

6. 发芽 通过发芽使饲料的维生素含量增加，可补充维生素的需要。

7. 糖化 在淀粉含量丰富的饲料中加入2～3倍的热水（80～85℃），搅拌，并保持在60℃的温度下3～4 h即可。

8. 发酵 利用微生物发酵完成，一般蛋白质饲料不发酵。

生产中常用的饲料加工调制方法主要是饲料粉碎和饲料混合。具体加工方法，详见猪的一般饲养管理原则。

二、饲料生产

在养猪生产中常使用的饲料，按营养成分和用途分类，有添加剂预混料、浓缩饲料、精料混合料和全价配合料。按饲料物理形态分类，有干粉料、湿拌料、颗粒料、膨化料等。按饲喂对象分类，有乳猪料、断奶仔猪料、生长猪料、育肥猪料、妊娠母猪料、泌乳母猪料、公猪料等。现介绍按营养分类的饲料。

1. 添加剂预混料 添加剂预混料是指将多种饲料添加剂按一定比例与定量载体混合而成，其中主要有多种维生素、常量和微量元素、氨基酸、抗菌剂和促进生长剂等。它是一种半成品，不应直接食用；若按比例添加到基础日粮中，可达到营养全面的目的。

2. 浓缩饲料 浓缩饲料是指在添加剂预混料的基础之上，加入动、植物蛋白质饲料。这也是一种半成品，不宜直接喂食。如再加入能量饲料，就可以达到配合饲料的效果。

3. 混合料　混合料是指用多种能量饲料和1～2种蛋白质饲料及矿物质饲料混合而成，基本上能满足猪生产需要的一种饲料。但由于营养不全面，故饲养效果不佳。

4. 全价配合饲料　全价配合饲料是指根据猪的营养需要，利用多种能量饲料、蛋白质饲料以及添加剂预混料配合而成。其营养全面，比例适当，能充分满足猪的需要。

三、使用自配饲料需要注意的问题

1. 搭配青粗饲料或营养添加剂　养猪户自配饲料一般为初级配合饲料，由能量饲料、蛋白质饲料、矿物质饲料按一定比例组成，能够满足猪对能量、蛋白质、钙、磷、食盐等营养物质的需要。但营养还不全面，需要再搭配一定的青粗饲料或添加剂，才能满足猪对维生素、微量元素的需要。但是，在饲料中搭配的青粗饲料不宜过多。

2. 添加剂使用须符合规范　如要加进添加剂时，应根据猪的具体营养需要，严格按规定的用法使用。含某些抗生素的添加剂，由于对人体生理有影响，在猪出栏上市前1～2周就要停止使用。

一、名词解释

添加剂预混料　　浓缩饲料　　混合饲料　　全价配合饲料

二、问答题

1. 猪饲料的加工调制方法主要有哪些？

2. 使用自配饲料需要注意哪些问题？

第三单元

猪的经济类型与品种

项目一　猪的经济类型
项目二　猪的主要品种

【学习目标】

1. 了解猪的经济类型，掌握瘦肉型猪的主要特点。
2. 正确认识不同品种猪。
3. 说出主要猪品种的原产地、外貌特征、主要生产性能和繁殖改良性能。

项目一 猪的经济类型

知识储备

一、瘦肉型

这类猪能够有效地利用饲料中蛋白质和氨基酸产生大量的瘦肉，瘦肉量一般占胴体的56%以上。猪的体型特点是腿臀发达，肌肉丰满，背腰平直或稍弓。背膘厚度1.5～3.5 cm。猪的中躯呈长方形，有的体长大于胸围15 cm以上。这类猪的体质结实。

二、脂肪型

脂肪型猪能够产生大量的脂肪，胴体瘦肉率45%以下。这类猪的体型特点是短、宽、圆、矮、肥。猪的中躯呈正方形，体长与胸围基本相等，且两者的差不超过2 cm，背膘厚在4 cm以上，体质细致。

三、兼用型

兼用型又分为肉脂兼用和脂肉兼用型，胴体中瘦肉和脂肪的比例基本一致，胴体瘦肉率在45%～55%。体型特点介于脂肪型和瘦肉型两者之间。中国培育猪种经济类型划分标准见表3-1。

表3-1 中国培育猪种经济类型划分标准

(引自陈清明，《现代养猪生产》，1997)

划分标准	瘦肉型	肉脂兼用型	脂肉兼用型	脂肪型
瘦肉量（%）	56以上	50～55.9	45～49.9	45以下
膘厚（cm）	3.0	3.1～4.0	4.1～5.0	5.0以下
体长>胸围（cm）	15以上	10～14.9	5～9.9	5以下
眼肌面积（cm^2）	28以上	28以上	25～27.9	19以下

项目二 猪的主要品种

知识储备

一、中国地方品种

根据我国猪种的起源、分布、外型特征和生产性能，以及品种所在地区的自然地理、社会经济、农业生产和饲养管理条件，将我国地方猪种划分为华北、华南、华中、江海、西南和高原共六大类型。

1. 华北型 华北型猪主要在淮河、秦岭以北。包括东北、华北、内蒙古、新疆、宁夏，以及陕西、湖北、安徽、江苏4省的北部地区和青海的西宁市、四川省广元市附近的小部分地区。

华北型猪毛色多为黑色，体躯较大，四肢粗壮；头较平直，嘴筒较长；耳大下垂，额间多纵行皱纹；皮厚多皱褶，毛粗密，鬃毛发达，可长达10 cm，冬季密生绒毛，抗寒力强。乳头8对左右，产仔数一般在12头以上，母性强，泌乳性能好，耐粗饲，消化能力强。代表猪种有民猪、八眉猪、黄淮海黑猪、汉江黑猪和沂蒙黑猪等。

2. 华南型 华南型猪分布在云南省西南部和南部边缘，广西和广东偏南的大部分地区，以及福建的东南角和我国台湾各地。

华南型猪毛色多为黑白花，在头、臀部多为黑色，腹部多为白色；体躯偏小，体型丰满，背腰宽阔下陷，腹大下垂，皮薄毛稀，耳小直立或向两侧平伸。性成熟早，乳头多为5～7对，产仔数较少，每胎6～10头；脂肪偏多。如两广小花猪、海南猪、滇南小耳猪、香猪等。

3. 华中型 华中型猪主要分布于长江南岸到北回归线之间的大巴山和武陵山以东的地区，包括江西、湖南和浙江南部以及福建、广东和广西的北部，安徽和贵州也有局部分布。

华中型猪体躯较华南型猪大，体型则与华南型猪相似。毛色以黑白花为主，头尾多为黑色，体躯中部有大小不等的黑斑，个别有全黑者；体质较疏松，骨骼细致，背腰较宽而多下凹。乳头6～7对，每窝产仔10～13头；肉质细嫩。如宁乡猪、金华猪、大花白猪、华中两头乌猪等。

4. 江海型 江海型猪主要分布于汉水和长江中下游沿岸以及东南沿海地区。

江海型猪种的毛色从地理分布上看，自北向南由全黑逐步向黑白花过渡，个别猪种全为白色；骨骼粗壮，皮厚而松，多皱褶，耳大下垂。繁殖力高，乳头多为8～9对，窝产仔13头以上，高者达15头以上；脂肪多，瘦肉少。如太湖猪、姜曲海猪、虹桥猪等。

5. 西南型 西南型猪主要分布在云贵高原和四川盆地的大部分地区，以及湘鄂西部。

西南型猪种毛色多为全黑和相当数量的黑白花，“六白”或不完全“六白”等，但也有少量红毛猪；头大，腿较粗短，额部多有旋毛或纵行皱纹。乳头多为6～7对，产仔数一般为8～10头；屠宰率低，脂肪多，如内江猪、荣昌猪、乌金猪等。

6. 高原型　高原型猪种主要分布在青藏高原。

被毛多为全黑色，少数为黑白花和红毛；头狭长，嘴筒直尖，犬齿发达，耳小竖立，体型紧凑，四肢坚实，形似野猪。乳头多为5对，每窝产仔5～6头；生长慢，胴体瘦肉多。背毛粗长，绒毛密生，适应高寒气候，藏猪为典型代表。

二、引入品种

1. 长白猪（兰德瑞斯猪）　长白猪原产于丹麦，原名兰德瑞斯猪，是一个著名的瘦肉型品种猪，也是当今世界上最为流行的品种之一。兰德瑞斯猪由于体躯长，毛色全白，故称之为长白猪。

长白猪的颜面直，耳大下垂或前倾向下并顶盖颜面；颈部、肩部较轻；背腰长直，体躯长深，腹开张良好但不下垂，腹线平直；腿臀丰满，蹄质结实。全身被毛为白色，皮肤薄、骨细结实。成年公猪体重约246 kg，母猪约218 kg。乳头6～7对，产仔数平均为11～12头。肥育猪在良好条件下，日增重可达800 g以上，胴体瘦肉率60%～63%。各地依来源不同，饲养水平不同，有较大差异。

我国各地根据自身的实际情况，因地制宜地开展了以长白猪为父本的二元或三元杂交工作，对提高我国养猪生产水平起到了积极的作用。

2. 大白猪　大白猪又称为大约克夏猪，原产于英国的约克郡。约克夏猪分为大、中、小3个类型，分别称为大白猪（大约克夏猪）、中白猪（中约克夏猪）、小白猪（小约克夏猪）。大白猪属于瘦肉型猪品种，中白猪属于兼用型猪品种，小白猪属于脂肪型猪品种。

大白猪的体格较大，体型匀称；颜面宽而略凹，鼻直、耳立；四肢高大，背腰略呈流线型。全身白色，少数猪只的额部有很小的青斑。在饲养条件较差的地区，大白猪的体型变小，腹围增大。成年公猪体重约263 kg，母猪约224 kg。乳头7对左右，产仔数平均为11～12头。肥育猪在良好条件下，农场大群测定，日增重可达850 g以上，胴体瘦肉率61%，各地因饲料水平与饲养条件不同而有所差异。

利用大白猪做父本与我国的本地猪品种进行杂交，如与民猪、荣昌猪、内江猪、两头乌猪及大花白猪等杂交，其一代杂种的日增重比其母本提高20%以上。

3. 杜洛克猪　杜洛克猪原产于美国，是当今世界较为流行的品种之一。杜洛克猪原来是一个脂肪型品种，到20世纪50年代后才逐步转向肉用型方向发展。我国引进的是瘦肉型杜洛克猪。

杜洛克猪颜面微凹，耳中等大小，为半垂耳。体躯深广，背腰稍弓、较宽，肌肉丰满，四肢粗长。毛色为红棕色，深浅不一，从枯草黄色到暗红色。乳头数6对左右，产仔数平均为8～9头。肥育猪20～90 kg阶段，日增重可达850 g以上，胴体瘦肉率62%～63%。

杜洛克猪适应性强，对饲料要求较低，食欲好，耐低温，对高温的耐受性差。杜洛克猪以生长快、饲料转化率高而闻名，利用杜洛克猪做父本，进行杂交生产商品肉猪，能大幅度地提高商品代的增重速度和饲料转化率。一般多用于三元杂交的终端父本（图3-1）。

杜洛克猪(公)

杜洛克猪(母)

图 3-1　杜洛克猪

(引自王林云,《养猪词典》, 2004)

4. 皮特兰猪　皮特兰猪原产于比利时的布拉邦特地区，是欧洲近年来比较流行的瘦肉型品种猪。

皮特兰猪的毛色大多呈现灰白花色，或是大块的黑白花色。耳中等大小，略向前倾；背腰宽大，平直，体躯短；全身尤其腿臀的肌肉丰满，体型呈圆桶型。皮特兰猪以胴体瘦肉率高而著称，90 kg 体重时高达 70%左右；但繁殖性能欠佳，产仔数平均为 10～11 头。

皮特兰猪胴体瘦肉率高，背膘薄，后腿发达，是其他品种所无法比拟的。用皮特兰猪做父本与其他品种猪进行杂交，胴体瘦肉率得到明显的提高，但肉质较差（图 3-2)。

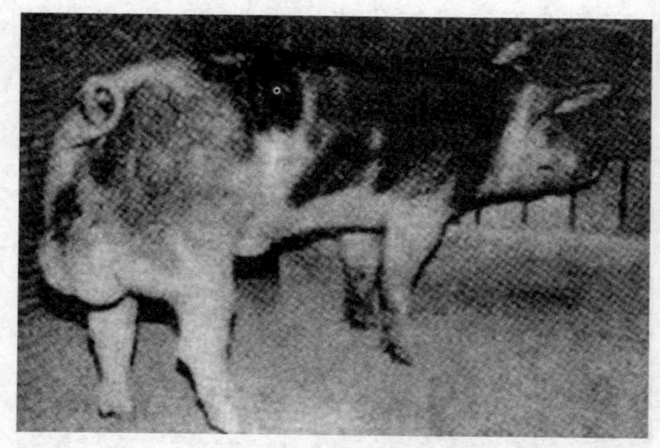

皮特兰猪(公)

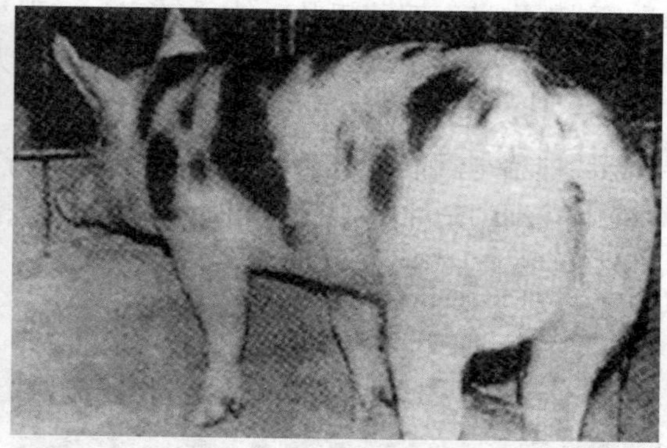

皮特兰猪(母)

图 3-2　皮特兰猪

(引自王林云,《养猪词典》, 2004)

5. 汉普夏猪　汉普夏猪原产于美国，也是北美分布较广的品种。由于该猪的肩部及前肢为一白色的被毛环所覆盖，故称之为“白带猪”。

汉普夏猪的嘴筒长直，耳中等大小且直立；体型较大，体躯较长，四肢稍短而健壮；背腰微弓，较宽；腿臀丰满。毛色为黑色，在猪体的肩部、前肢有一个白色的毛环。成年公猪体重为 315～410 kg，母猪为 250～340 kg；乳头 6 对以上，排列整齐，产仔数平均为 9～10 头。肥育猪 20～90 kg 阶段，日增重可达 725～845 g，胴体瘦肉率 64%左右。各地因饲养水平不同而有所差异。

汉普夏猪突出的优点是眼肌面积大，胴体瘦肉率高，不足之处是繁殖力偏低。为此，汉普夏猪主要作为杂交的父本（特别是终端父本），以提高商品猪的胴体瘦肉率（图3-3）。

汉普夏猪(公)

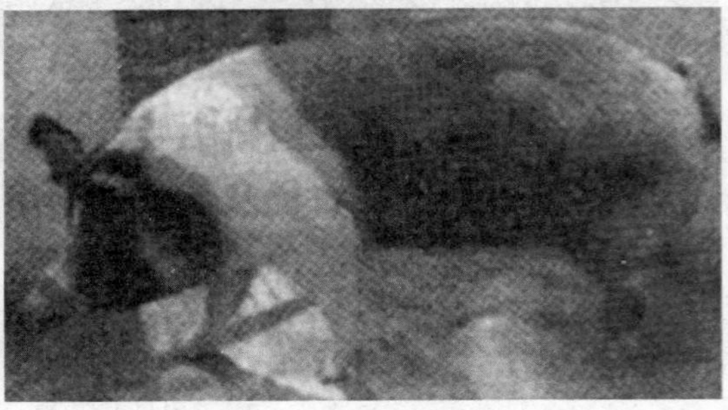

汉普夏猪(母)

图3-3 汉普夏猪

（引自王林云，《养猪词典》，2004）

三、中国培育猪种

1. 哈白猪 哈白猪产于黑龙江省南部和中部地区，以哈尔滨市及其周围各县饲养较多，并广泛分布于滨州、滨绥、滨北及牡佳等铁路沿线。

体型较大，被毛全白；头中等大小，两耳直立，颜面微凹；背腰平直，腹稍大但不下垂，腿臀丰满；四肢粗壮，体质结实，一般生产条件下，成年公猪体重为222 kg，母猪体重为172 kg；乳头7对以上，平均产仔数为11～12头；肥育猪15～120 kg阶段，平均日增重587 g；屠宰率74%，胴体瘦肉率45.05%。

哈白猪与民猪、三江白猪和东北花猪进行正反交，所得一代杂种猪的日增重和饲料转化率均有较高的杂种优势。以其做母本，与引入品种进行二、三元杂交效果好（图3-4）。

哈白猪(公)

哈白猪(母)

图3-4 哈白猪

（引自王林云，《养猪词典》，2004）

2. 三江白猪 三江白猪主要产于黑龙江省东部合江地区的红兴隆农场管理局，主要分布于所属农场及其附近的市、县，是我国在特定条件下培育而成的国内第一个瘦肉型新品种。

三江白猪头轻嘴直，两耳下垂或稍前倾；背腰平直，腿臀丰满；四肢粗壮，蹄质坚实，被毛全白，毛丛稍密。8月龄公猪体重达111.5 kg，母猪107.5 kg。乳头7对，产仔数平均为12头；肥育猪20～90 kg阶段，日增重600 g；体重90 kg时，胴体瘦肉率59%。

三江白猪与国外引入品种和国内培育品种以及地方品种都有很高的杂交配合力，是肉猪生产中常用的亲本品种之一（图3-5）。

三江白猪(公)

三江白猪(母)

图3-5　三江白猪

（引自王林云，《养猪词典》，2004）

3. 北京黑猪　北京黑猪属于瘦肉型的配套母系品种猪。其中心产区是北京市国营北郊农场和双桥农场，分布于昌平、顺义、通县等京郊的各区、县，并向河北、山西、河南等多省、市输出。

北京黑猪头清秀，两耳向前上方直立或平伸；面部微凹，额部较宽；嘴筒直，粗细适中，中等长；颈肩结合良好；背腰平直而宽，四肢强健，腿臀丰满，腹部平；被毛黑色。成年公猪体重约260 kg；乳头7对以上，产仔数平均为11～12头；肥育猪20～90 kg体重阶段，日增重609 g，屠宰率72%；胴体瘦肉率51.5%。

北京黑猪是一个较好的配套母系品种，与大白猪、长白猪或原苏联大白猪进行杂交，可获得较好的杂种优势。杂种一代猪的日增重在650 g以上，饲料转化率为3.0～3.2，胴体瘦肉率达到56%～58%；三元杂交的商品后代的胴体瘦肉率可达58%以上（图3-6）。

北京黑猪(公)

北京黑猪(母)

图3-6　北京黑猪

（引自王林云，《养猪词典》，2004）

能力转化

一、填空题

1. 我国地方猪种可划分为________、________、________、________、________和________共六大类型。

2. 长白猪原产于________，原名兰德瑞斯猪，是一个著名的________型品种猪。

3. 大白猪又称之为大约克夏猪，原产于________。约克夏猪分为大、中、小 3 个类型，其中大白猪属于________型猪品种，中白猪属于________型猪品种，小白猪属于________型猪品种。

4. 杜洛克猪原产于________，毛色为________色；皮特兰猪原产于________地区，毛色大多呈现________，或是大块的________。

5. 三江白猪主要产于黑龙江省东部合江地区的红兴隆农场管理局，是我国在特定条件下培育而成的国内第一个________型新品种；哈白猪产于黑龙江省南部和中部地区，平均产仔数为________头；北京黑猪属________型的配套母系品种猪。

二、简述题

1. 简述我国主要优良地方品种猪的产地、品种特征和生产性能。

2. 简述我国新培育品种猪的产地和分布、品种特征和生产性能。

第四单元

猪的生物学特性与一般饲养管理原则

【学习目标】

1. 了解猪的生物学特性，根据其特性进行科学的饲养管理。
2. 掌握猪饲养管理的一般原则及总体要求。

项目一 猪的生物学特性

知识储备

一、性成熟早，多胎高产

猪性成熟较早，常年发情，且多胎高产。一般4～6月龄达到性成熟，6～8月龄即可初次配种；猪妊娠期短，一般为110～118 d，平均114 d。在正常情况下，一头母猪每年至少可分娩两胎，每胎产仔10～12头，若缩短哺乳期，可以达到两年5胎；就利用年限而言，我国地方猪种一般可达5～6年，培育猪种3～4年。据报道，我国太湖猪的产仔数高于其他地方猪种和国外猪种，窝产活仔数平均超过14头，个别高产母猪一窝产仔数超过22头，最高纪录窝产仔数达42头。

母猪一个发情期内可排卵20～25个，而实际产仔数只有8～15头。试验证明，通过激素处理，可使母猪一个发情期内的排卵数达30～40个，个别的可达80个。如果将母猪的泌乳时间缩短到21～35 d，断奶后3～10 d发情配种，母猪年产窝数可达2.2～2.5窝。若母猪每胎产活仔数10头，断奶时的成活率为90%，每头母猪每年可提供断奶仔猪20～23头。因此，生产上应采取先进的繁殖技术，充分发挥猪的多胎高产特性，提高养猪生产效益。

二、生长速度快，沉积脂肪能力强

猪的初生重小，平均为1～1.5 kg，仅占成年猪体重的1%左右。但生后生长速度很快，30日龄时体重达6～10 kg，60日龄时体重达18～20 kg，160～170日龄时体重可达90～120 kg。

猪的生长特点不仅在于体重增加很快，而且体组织的变化也呈现明显的规律性。一般情况下，保育猪（1～2月龄）阶段骨骼生长较快，进入生长猪（3～4月龄）阶段肌肉生长加快，肥育猪（5～6月龄）阶段，脂肪沉积速度显著加快。瘦肉型猪的肌肉生长强度比脂肪型猪大，生长高峰也出现的较晚，大多在50～70 kg，而脂肪型猪的肌肉生长高峰则在体重较小时出现；同时随着体重和月龄的增加，猪的生长发育后期脂肪组织的生长速度明显加快。生产中应根据这一规律科学饲养后备猪和肥育猪，即在猪的生长发育前期充分饲养，后期可适当限饲，这样不但能提高肉猪的胴体瘦肉率，而且有利于降低饲料消耗。

三、食性广，饲料转化率高

猪是杂食动物，有发达的门齿、犬齿、臼齿，而且唾液腺发达。另外，猪胃的结构属食肉动物单胃和反刍动物复胃之间的中间类型，容量较大，为7～8 L，消化道也很长，小肠长度16～20 m，大肠长度4～5 m。正是这样的消化道结构，使猪能够广泛采食动物性、植物性和矿物质等饲料，并且采食量大、消化能力强、利用率高。猪对精料有机物的消化率为76.7%，对青草和优质干草的消化率分别为64.6%和51.2%。

虽然猪的采食量大，对精料消化利用率高，但猪有一定的择食性。由于猪对饲料中的粗纤维消化主要靠大肠微生物分解，若饲料中粗纤维含量过多，猪对饲料的适口性和消化率会降低。因此，猪的饲料应以精料为主，并控制粗纤维在日粮中的适当比例。

四、嗅觉和听觉灵敏，视觉较差

猪嗅黏膜的绒毛面积大，嗅区的神经非常密集，因此猪的嗅觉非常灵敏。仔猪在生后几小时便能依靠嗅觉辨别气味，寻找乳头，3 d内即可固定乳头；猪还能依靠灵敏的嗅觉有效地寻找埋在地下的食物，识别同群内的个体，辨别自己的圈舍，并对外来的仔猪迅速识别，加以驱逐；同时猪灵敏的嗅觉在性活动当中，也占有重要地位，例如，发情母猪闻到公猪特有的气味，即使公猪不在场，也会表现“呆立”反应。

猪具有外型大、内腔深而广的耳朵，因而听觉相当发达，即便很微弱的声音都能敏锐地觉察到；猪头转动灵活，能迅速判断声源的方向、强度和节律，对各种口令等声音的刺激容易建立条件反射。这种特点虽有利于管理猪群，但也容易使猪群产生应激反应。另外，猪的视觉较差，视距、视野范围小，缺乏精确的辨别能力，不靠近的物体往往看不清。

养猪生产中，应根据猪的这些特性对猪群进行合理的调教、分群、合群、发情鉴定和采精训练等，以方便管理，提高养猪生产水平。

五、对温、湿度敏感，喜欢清洁，容易调教

猪是世界上分布广、数量多的家畜之一，对各种生态条件的适应性较强。主要表现为对气候寒、暑的适应，对饲料多样性的适应，对不同饲养方式和方法的适应，但猪对温度和湿度的反应比较敏感。大猪怕热，是由于皮下脂肪层较厚、汗腺不发达以及皮薄毛稀对阳光的反射能力差等因素所致；小猪怕冷，尤其是初生仔猪，因为其皮薄毛稀、皮下脂肪少以及体温调节中枢不发达等，需要较高的环境温度。当环境温度高于猪的临界温度时，猪的呼吸频率升高，采食量减少，生长速度变慢，饲料转化率降低，公猪射精量减少、性欲变差，母猪不发情；当环境温度低于猪的临界温度时，猪的采食量增加，增重变慢。另外，猪在阴暗潮湿的环境中易患感冒、肺炎、皮肤病和其他疾病，特别是高温高湿和低温高湿的环境条件，对猪群的健康和生产有明显影响。生产中应给不同类别的猪群创造适宜的环境条件。

猪是爱清洁的动物，采食、趴卧和排泄粪尿往往都有固定的地点。一般情况下，猪喜欢在清洁干燥处趴卧休息，在墙角潮湿有粪尿处排泄。同时，猪又是神经类型较为平衡灵

活的动物，通过调教训练可有效地培养猪群采食、趴卧休息和排粪尿“三点定位”的良好习性。但猪群过大或围栏过小，上述习惯就会很容易被破坏，饲养管理上应加以注意。

六、定居漫游，群体位次明显

在开放式饲养或散养情况下，或舍外自由活动或放牧运动后，猪只都能顺利地回到固定的圈舍，表现出定居漫游的习性。但在圈养时又表现出一定的群居性和明显的位次秩序。例如，同窝仔猪自然散开时，彼此距离不远，若受惊会立即聚集在一起或成群奔跑；而不同窝或不同群的猪合并到一起时，刚开始会激烈争斗，并按不同来源小群趴卧，经过几天后又形成一个群居性的集体，并建立一定的位次关系。在猪群的位次关系中，往往体重大或“战斗力强”的位次靠前，稍弱的依次排在后面。若猪群过大，生活环境改变，位次关系就会出现混乱，甚至难以建立位次，此时猪之间相互争斗频繁，影响采食、休息和增重。生产中应合理安排猪群的饲养密度，及时进行调教，保证猪群健康有序的生活，以提高其生产性能。

能力转化

一、填空题

1. 猪性成熟较早，常年________，且多胎高产。一般________月龄达到性成熟，________月龄可初次配种；猪妊娠期短，平均为________d。在正常情况下，一头母猪每年至少可分娩________胎，每胎产仔________头左右，若缩短哺乳期，可以达到两年________胎。

2. 猪的初生重较小，平均为1～1.5 kg。但生后生长速度很快，30日龄时体重达________kg，60日龄时体重达________kg，160～170日龄时体重可达________kg左右。

3. 猪对环境温度的要求具有双重性，即大猪怕________，小猪怕________。

4. 猪的饲料应以________料为主，控制________在日粮中的适当比例。

5. 猪在圈养时表现出一定的群居性和明显的________秩序。

二、简述题

1. 根据猪的食性特点，饲料中的精、粗饲料如何搭配？

2. 根据猪对温、湿度的敏感性，简述对不同类别的猪群应创造的适宜的环境条件。

项目二 猪的一般饲养管理原则

知识储备

一、科学配合饲料

猪属于杂食动物，对饲料具有广泛的适应性，而且具有较高的消化力，但任何单一的饲料都不可能满足猪生长发育所需要的营养，而且不同饲料的消化率和适口性也具有一定的差异。因此，精心挑选饲料，进行科学搭配，对降低生产成本、提高猪的生产性能都具有重要意义。

生产上按照猪的饲养标准，选用几种当地生产较多和价格便宜的饲料配成混合饲料，使其养分符合饲养标准规定的要求，这一过程称饲料配合。

1. 饲养标准 是指猪在一定生理生产阶段，为达到某一生产水平和效率，每天供给每头猪的各种营养物质的种类和数量；或每千克饲料中各种营养物质的含量或百分比。饲养标准是配合饲料、检查饲料以及检验饲料厂产品的依据，它对于合理有效利用各种饲料资源、提高配合饲料质量、提高养猪生产水平和饲料转化率、促进整个饲料行业及养殖业的快速发展具有重要作用。

饲养标准中所列营养素很多，但在计算配方时不必逐一计算。一般只计算消化能、粗蛋白质、赖氨酸、蛋氨酸、苏氨酸、色氨酸、钙和磷的水平即可，食盐直接添加，微量元素和维生素应配制成预混料后按一定比例添加。

2. 饲料配合的原则 饲料配合的原则，详见第二单元项目二。

3. 猪常用饲料原料的准备 猪常用能量饲料一般是玉米和麸皮。玉米用量50%～70%，小麦、高粱等可代替部分玉米，麸皮用量在25%以内；饲料中的蛋白质饲料主要是豆粕，其他杂粕可代替部分豆粕，但种猪最好不用棉籽粕或菜籽粕，仔猪可使用部分动物性蛋白质原料，如鱼粉等。氨基酸不足时可添加人工合成氨基酸，如赖氨酸、蛋氨酸等；矿物质饲料中含钙饲料主要是石粉，用量为0.5%～2.0%，含钙、磷的饲料主要是磷酸氢钙和骨粉，用量为0.5%～2.5%，食盐用量为0.25%～0.5%。

4. 原料的质量控制 配合饲料质量的好坏与原料品质关系密切，所以营养成分参数值最好来自科研部门近期测定发表的数据，对于蛋白质饲料中的粗蛋白质及矿物质饲料中的钙、磷应以本场实测值为准。同时，还应控制饲料原料中的适宜水分含量，防止发霉变质。

5. 饲料配合的方法 饲料配合方法很多，常用的主要有试差法和对角线法。试差法就是根据猪不同生理阶段的营养要求或已选好的饲养标准，初步选定原料，根据经验粗略配制一个配方（大致比例），然后根据饲料成分及营养价值表计算配方中饲料的能量和蛋白质，将计算的能量和蛋白质分别加起来，与饲养标准相比较，看是否符合或接近。如果某一养分比规定的要求过高或过低，则需对配方进行调整，直至与标准相符为止。然后，按同样步骤再满足钙和磷，用人工合成氨基酸平衡氨基酸需要，再添加食盐和预混料。生产上多用配方软件进行饲料配方制作，既迅速又科学。

二、合理加工饲料

饲料原料经过加工可以改变其物理形态、化学结构、营养组成等，提高饲料的饲喂效果，这是养猪生产的一个必备环节，饲料加工过程主要是原料的粉碎和混合等工作。

1. 粉碎　粉碎是通过轧碎、切割、冲击等方法，降低饲料原料粒度的方法。常用的粉碎设备主要是锤片式粉碎机，其优点是操作简单，适宜脆性或纤维物料，初始成本低，维护成本低；缺点是动力消耗大，可能产热，噪声大，粉尘多，粒度变动性大。猪饲料的粉碎粒度一般要求为1.0～2.0 mm，过粗会降低饲料转化率和猪的生产性能；过细猪易患胃溃疡和呼吸道疾病。玉米粉碎后不宜久贮，1周内喂完为好。

2. 混合　饲料原料混合是饲料加工工艺中最关键的环节之一，其目的是生产出营养物质均匀的混合饲料。规模猪场常用的混合机主要有立式和卧式两种。立式混合机造价低，安装占地面积小，但残留多，每批料混合时间长（一般15～20 min）；卧式混合机混合时间短（3～6 min），混合均匀度高，可以添加较多的液体饲料，但占地面积大，配套功率大。一般生产配合饲料和预混料时，要求搅拌机混合均匀度的变异系数应分别≤10%和≤5%。

三、正确调制饲料

饲料经过调制可以改变其适口性和消化性，提高饲料的饲喂效果。现代养猪生产主要应用的饲料类型有干粉料、生湿料和颗粒料等。

1. 干粉料　把粉碎好的各种饲料，按照各类猪饲料配方要求混合后（30 kg以下幼猪的饲料粒度直径以0.5～1.0 mm为宜；30 kg以上猪的饲料粒度直径以1.5～2.0 mm为宜）投入食槽让猪采食。这种方法喂猪省事、成本低，但易起粉尘、受潮或氧化。一般猪场利用自动饲槽饲喂时常常使用干粉料，但要求备足饮水。

2. 生湿料　在干粉料中按（1∶0.9）～（1∶1.0）的料水比例加水，混拌均匀后喂猪。生湿料比干粉料饲喂效果好，若在喂猪之前用水浸湿20～30 min，可明显提高饲料的适口性，也有利于消化吸收，但要注意避免酸败。传统养猪往往用稀汤料喂猪，因含水过多而冲淡了消化液，影响饲料的消化吸收。

3. 颗粒料　饲料通过制粒机加工成不同的颗粒状饲料，投入食槽让猪采食。颗粒料喂猪方法简单，便于投食，不起粉尘，损耗少，猪不能挑食，饲料转化率也高，有助于幼龄猪消化。但制粒增加了饲料成本。

四、改进饲喂方法

1. 提倡生喂　经过配合的饲料，一般不再进行蒸煮，可直接饲喂。采用生喂饲料的方法，不但有助于保存饲料的营养成分，而且还能提高饲料转化率。生喂可以提高猪的日增重15%以上，同时降低饲料消耗11%以上。

（1）生喂的方法。将精料、青料加少量水拌和，使精料黏附在青料上。干湿度以手捏成团而不渗水为宜。吃完料后再供给饮水，也可以先喂青料，待吃至大半饱时再加精料，然后供给饮水。精料与青料的比例可按（1∶1）～（1∶3）搭配。青饲料和块根块茎、瓜类饲料可粉碎或打浆拌入混合饲料喂猪，以缩小体积，增加采食量。

（2）生喂的注意事项。①青饲料和大多数饲料应该生喂，但是豆类籽实不宜生喂。因为豆类籽实中含有胰蛋白酶的抗酶，它能抑制消化道中胰蛋白酶的活性，从而影响机体对饲料蛋白质的消化吸收。若加热处理，就能破坏这种抗酶，进而提高饲料蛋白质的利用效率。②生喂易引起猪的寄生虫病，故应每隔2～3个月驱虫1次。③10 kg以内的乳猪喂熟化饲料为好，如喂熟玉米利用率为80%，比喂生玉米利用率高40%。

2. 限制饲喂　是指限定猪的采食供应量。这种方法有利于根据不同的目的对某些猪群适当控制采食量，在满足其生产要求的同时，还能减少饲料浪费，提高饲料转化率。对于公猪、空怀或妊娠母猪、后备猪，为了适当控制膘情，适宜采用限制饲喂；对于生长肥育后期的肉猪，为了减少脂肪沉积，提高胴体瘦肉率，也常常采用限制饲喂的方法。

3. 非限制饲喂　指饲料箱或饲料槽中经常保持有饲料，猪可以随时采食饲料的方法。它能保证猪营养物质的充足供应，并能充分发挥猪的生长潜力，但饲料浪费较大，尤其是干粉料。如果采用生湿料，每天饲喂3～6次，虽然不能做到自由采食，但可以让猪充分采食，每次的给料量以猪在15 min左右吃干净为宜，它不仅能让猪吃饱，而且不浪费饲料。对于保育猪、生长猪和瘦肉型肥育猪，常使用非限制饲养方法。

五、创造适宜环境

猪舍应具有良好的保温隔热性能，冬季应为猪舍补充一定的热量，以使其保持适宜的环境温度；夏季应进行防暑降温。为了排出猪舍中的有害气体，猪舍应进行必要的通风换气，尤其要注意猪舍冬季的通风换气，使其既能排出有害气体和水汽，又不使舍内温度下降过多。猪舍内的粪便污水要及时清除，以减少有害气体的产生。另外，在猪舍周围植树种草可大大减少进入猪舍的灰尘和微生物。为了防止噪声对猪的影响，养猪场在选择场址时应该远离飞机场、公路等噪声源，场内要使用噪声低的机械设备。各类猪群适宜的主要环境参数见表4-1。

表4-1　各类猪群所要求的主要环境参数

猪群类别	环境温度（℃）	空气相对湿度（%）	气流速度（m/s）		有害气体			
	适宜	适宜	夏季	冬季	NH_3（mg/m³）	H_2S（mg/m³）	CO（mg/m³）	CO_2（%）
公猪	13～19	60～80	1.0	0.20	26	10	15	0.2
后备公猪及母猪	14～20	60～80	1.0	0.20	26	10	15	0.2
空怀及妊娠前期母猪	13～19	60～80	1.0	0.25	26	10	15	0.2
妊娠后期母猪	16～20	60～70	1.0	0.20	26	10	5	0.2

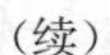
（续）

猪群类别	环境温度（℃）	空气相对湿度（%）	气流速度（m/s）		有害气体			
	适宜	适宜	夏季	冬季	NH_3（mg/m^3）	H_2S（mg/m^3）	CO（mg/m^3）	CO_2（%）
分娩哺乳母猪	15～22	60～70	0.4	0.15	26	10	5	0.2
哺乳仔猪	30～34	60～70	0.4	0.15	26	10	5	0.2
保育猪	22～25	60～70	0.8	0.20	26	10	5	0.2
生长猪	18～22	60～70	1.0	0.25	26	10	15	0.2
育肥猪	15～18	60～80	1.0	0.25	26	10	20	0.2

六、搞好兽医保健

猪群的兽医保健是现代化养猪生产中的重要工作，必须引起高度重视。

1. 每天清扫圈舍，保持舍内卫生和猪体清洁，防止疫病的发生和流行。

2. 建立严格的消毒制度，定期消毒舍内外及各种设备，设置防疫设施。

3. 定期接种疫苗，制订科学严格的免疫程序。

4. 外引猪严格检疫，必须隔离饲养4～8周，经确认无病，方可合群。

5. 定期驱虫，一般可每年春秋两季各驱虫1次。

6. 及时隔离治疗病猪，对病死猪和废弃物进行无公害化处理。

七、加强日常管理

养猪生产除了科学的饲养方法外，还必须要加强猪群的日常管理，才能真正把猪养好，进而取得良好的经济效益。

1. 稳定日喂次数 猪的日常饲喂必须注意定时、定量和定质，才能取得良好的饲养效果。

定时：是指固定每天的饲喂时间和饲喂次数，一般仔猪每天喂4～6次，泌乳母猪3～4次，其他猪2～3次。

定量：是指固定每天每次的饲喂量。

定质：是指保证饲料适宜的营养水平，品质稳定，确保卫生、无毒，以保证猪营养物质摄入的精确性。这“三定”原则有利于猪形成条件反射，提高其采食量和消化率。

2. 供给充足的饮水 水是猪体的重要组成成分之一，对饲料的消化、吸收和体温调节等生理过程起着十分重要的作用，是体内代谢必不可少的。因此，保证充足、清洁卫生和爽口的饮水是饲养管理的重要环节。如供水不充足或不符合饮水标准，都会给猪的生长、健康带来不利影响。猪的饮水随饲料种类、饲喂方式、气温变化等有所不同。最好使用自动饮水设施。

3. 合理分群分圈 为充分有效地利用猪舍面积，便于猪群管理，应将全场猪按品种、性别、年龄、体质强弱和采食的快慢等进行合理的组群、分圈管理，保证猪正常生长发育。各类猪群的大小应根据圈舍条件、猪只大小和生产需要等因素确定（表 4-2）。

表 4-2　猪的饲养密度和群体大小

猪别	体重（kg）	每栏头数（头）	每头猪所占面积（m^2）	
			非漏缝地板	漏缝地板
哺乳仔猪	5～10	20～25	0.37	0.26
保育仔猪	10～25	15～20	0.56	0.28
生长猪	25～55	15～20	0.74	0.37
育肥猪	55～100	10～15	1.0～1.2	0.8～1.0
后备猪	90～110	6～10	1.4	1.2
怀孕猪	120～200	4～6	3.0～4.0	1.5～2.0
带仔猪	140～200	1	7	3.5～4.5
种公猪	127～170	1	7	4

4. 注意调教和运动

（1）耐心调教。充分利用猪的各种生物学和行为学特性，耐心调教猪群，使其形成各种条件反射，如让猪群定点、定时采食和饮水，定点、定时排泄和运动；经常抚摸或刷拭猪体等，这样不但有利于管理，而且还能减少应激和培养猪的温驯性格。饲养管理上必须做到制度化，平时认真观察猪群，防止惊吓和打骂虐待猪只，突然的惊吓和不稳定的环境会破坏猪群的条件反射，养成不良习惯，导致管理上的麻烦。

（2）重视运动。猪群适当的运动，可促进其食欲，增强体质，对种猪更为必要。其方法有驱赶运动、自由运动和放牧。规模化猪场猪的运动量小，必须从营养、设施给予充分的考虑，以防止猪不运动所带来的繁殖和肢蹄疾病等问题，特别应注意维生素和微量元素的供给量及平衡问题。

5. 全进全出，合理转群　集约化、规模化养猪，通过各种合理的组织管理，保证猪群的批量生产，整齐一致，这是保证连续生产的基础。所以，在养猪生产过程中要尽量做到母猪的同期发情、同期配种和同期产仔，只有这样，才能做到全进全出。转群时要注意空圈 1 周进行冲洗消毒，要掌握转出和转进的时间及数量，做到合理过渡。

八、正确划分猪群类别

猪场为了有计划地组织生产和更好地进行猪群的饲养管理，应以年龄、体重、性别和用途划分不同的猪群。

1. 哺乳仔猪　指出生后至断奶前的仔猪。

2. 断奶仔猪（保育）　指断奶至 25 kg 左右或者 70 日龄的仔猪。

3. 育成猪　指 70 日龄仔猪或 25 kg 左右仔猪至 4 月龄留作种用的幼猪。

4. 后备公猪　指 5 月龄至初配前留作种用的公猪。

5. 后备母猪　指 5 月龄至初配前留作种用的母猪。

6. 种公猪　凡已参加配种的公猪均称为种公猪。分为检定公猪和基础公猪。检定公猪是指12月龄左右初配开始至第1批与配母猪产仔断奶阶段的公猪；基础公猪是指16月龄以上经检定合格的公猪。

7. 种母猪　分为初产母猪和经产母猪。初产母猪是指生产第1胎仔猪的青年母猪；经产母猪是指生产两胎和两胎以上的母猪；检定母猪是指从初配开始至第1胎仔猪断奶的母猪；基础母猪是指一胎产仔经检定合格，留作种用的母猪。根据母猪生产阶段的不同又分为空怀母猪、妊娠母猪和哺乳母猪。空怀母猪是指仔猪断奶后至再次妊娠前的母猪；妊娠母猪是指从卵子受精开始至分娩前的母猪；哺乳母猪是指分娩开始至仔猪断奶前的母猪。

8. 肥育猪　用来生产猪肉的猪统称肥育猪或肉猪。分为生长猪和肥育猪。生长猪指体重25～60 kg的猪；肥育猪指体重60～100 kg以上的猪。

能力转化

一、名词解释

哺乳仔猪　断奶仔猪　后备母猪　检定母猪　基础母猪　哺乳母猪　肥育猪

二、填空题

1. 猪饲料的粉碎粒度一般要求为________mm，过粗会降低饲料转化率和猪的生产性能；过细猪易患胃溃疡和呼吸道疾病。玉米粉碎后不宜久贮，________周内喂完为好。

2. 现代养猪生产主要应用的饲料类型有________、________和________等。

3. 经过配合的饲料，一般不再进行________，可直接饲喂。

4. 猪舍应具有良好的保温隔热性能，冬季应为猪舍补充一定的________，以使其保持适宜的环境温度；夏季应进行________。为了排出猪舍中的有害气体，猪舍应进行必要的________。

5. 猪的日常饲喂必须注意________、________和________，才能取得良好的饲养效果。

三、问答题

1. 给猪配合饲料应遵循哪些原则？

2. 简述饲料的加工与调制方法。

3. 各类猪群应采用什么样的饲喂方法比较理想？

4. 试述生喂的方法及其注意事项。

第五单元

种猪的饲养管理

【学习目标】

1．了解种公猪在养猪生产中的作用，掌握其饲养管理的基本技术。
2．熟悉空怀母猪在配种前的总体要求，理解并掌握母猪繁殖障碍的原因及解决方法，熟练掌握其饲养管理的基本技术。
3．了解母猪发情排卵规律，掌握母猪的初配适龄、配种时间、配种方式、配种方法。
4．熟悉妊娠母猪的早期表现，掌握其饲养管理尤其是妊娠后期饲养管理的方法。
5．熟悉产前准备工作，基本掌握猪的分娩接产技术，掌握母猪产后的饲养管理方法。
6．了解母乳的作用和成分，掌握泌乳、断奶母猪的饲养管理方法。

项目一 种公猪的饲养管理

知识储备

种公猪的饲养管理标准是看其能否发挥最大的配种能力。好的种公猪要必备两个最基本的能力：良好的生精能力和旺盛的配种能力，两者缺一不可。要使种公猪具备这两种能力，必须进行科学饲养，合理管理，恰当使用，达到营养、运动、使用的平衡。

一、种公猪在养猪生产中的重要性

公猪在养猪生产中，虽然饲养的头数比母猪要少得多，但是公猪在养猪生产中所起的作用无论从其产生后代的数量，还是从其对后代生长速度和胴体品质的影响程度上都远远超过母猪。在本交季节性配种的情况下，1 头公猪 1 年要负担 20～30 头母猪的配种任务，按每头母猪每年产仔 2 窝计算，每窝产仔 10～12 头，则 1 头公猪 1 年可以产生 400～700 头后代；如果实行人工授精技术，1 头公猪每周采精 2 次，每次射精量 300～400 mL，精液进行 1 倍稀释，母猪年产仔 2.2 窝，母猪每次发情配种输精 2 次，按每次输精 30～50 mL 计算，则 1 头公猪 1 年至少可以完成 200 头左右母猪的输精任务，这样一来，1 头公猪 1 年可以产生 4 000 头左右的后代。而 1 头母猪无论是本交还是人工授精，1 年只能产生 20～30 头的后代。因此民间有“母猪好好一窝，公猪好好一坡”的说法。与此同时，公猪种质的质量还将直接影响后代的生长速度和胴体品质，使用生长速度快、胴体瘦肉率高的公猪，其后代生长速度快，生长周期短，从猪舍折旧、饲养管理人员劳动效率、猪生产期间维持需要的饲料消耗等诸多方面均降低了养猪生产的综合成本；肉猪胴体瘦肉率高，在市场销售过程中，其价格和受欢迎程度均优于胴体瘦肉率低的猪。胴体瘦肉率高的肉猪每千克的价格一般要比普通肉猪高 0.4 元左右，这样一来，1 头肉猪可增加收入 35～50 元。基于上述情况，选择种质好的公猪并实施科学的饲养管理是提高养猪生产水平和经济效益的重要基础。

二、种公猪种类

种公猪有纯种和杂种之分。在现代养猪生产中，可根据其后代的用途进行合理选择。纯种公猪产生的后代可用于种用和商品肉猪生产，而杂种公猪产生的后代只能用于商品肉猪生产。过去一般多使用纯种公猪进行种猪生产和商品肉猪生产，而现在一些生产者利用杂种公猪进行商品肉猪生产应用效果较好。与纯种公猪相比，杂种公猪具有适应性强、性欲旺盛（性冲动迅速）等优点，因此，日益被养猪生产者所接受。

近几年，在我国养猪生产中常用的纯种公猪有：长白猪、大白猪、杜洛克猪、皮特兰猪等。杂种公猪常用长白×大白、杜洛克×汉普夏、皮特兰×杜洛克等。在国外，一些养猪生产者采用汉普夏×杜洛克的杂种公猪与大白×长白的杂种母猪交配，生产四元杂交商品肉猪。而国内，近几年来一些养猪生产者为了提高商品肉猪的生长速度和胴体瘦肉率，选用皮特兰×杜洛克杂种公猪与长白×大白杂种母猪交配，生产四元杂交商品肉猪。生产实践证明，利用杂种公猪进行商品肉猪生产，其后代的生长速度和胴体瘦肉率均得到较大的提高。在使用引进品种做父本时有一点应引起注意，生产实践中发现，凡是含汉普夏血统的商品肉猪，均出现了肌肉颜色较浅等问题，影响消费者对其外观选择。

三、种公猪饲养

1. 注意营养均衡，体况适中　种公猪必须保持良好的种用体况，身体健康、精力充沛、性欲旺盛，能够产生数量多品质好的精液。所谓种用体况是指公猪不过肥不过瘦，七八成膘。对于七八成膘的判定方法是外观既看不到骨骼轮廓（髋骨、脊柱、肩胛等）又不能过于肥胖，用手稍用力触摸其背部，可以触摸到脊柱为宜。也可以在早晨喂饲前空腹时根据其腰角下方，膝褶斜前方凸凹状况来判定，一般七八成膘的公猪应该是扁平或略凸起，如果凸起太高说明公猪过于肥胖；如果此部位凹陷，说明公猪过于消瘦，过肥过瘦均会影响种公猪使用而被淘汰。

2. 严禁使用劣质饲料原料　在公猪的饲料配合过程中，要严格选择饲料原料，严禁使用劣质饲料原料，如发霉变质、虫蛀，含杂质的玉米、麸子及豆粕。玉米的使用比例一般为60%左右，蛋白质饲料主要有豆粕（饼）、鱼粉、水解羽毛粉等。一般豆粕（饼）在饲料中的使用比例为15%～20%，鱼粉视其蛋白质含量和品质而定，使用比例为3%～8%。实践中多使用蛋白质含量高、杂质少、应用效果好的进口鱼粉，添加比例为3%～5%。质量较好的水解羽毛粉可以控制在2%～3%。至于血粉、肉骨粉其利用率不十分理想，应当慎用。

3. 尽可能不使用棉籽粕、菜籽粕　由于棉籽粕、菜籽粕脱毒、减毒做得不彻底，棉籽粕中的棉酚残留可引起公猪胃肠炎，损害心脏、肝和肾等组织器官，因此尽可能不要使用。棉酚与铁结合，会引起缺铁性贫血，对公猪神经细胞有持久性毒害作用。而菜籽粕（饼）中含有硫葡萄糖苷、芥子碱、芥酸、单宁等有毒有害物质，其中硫葡萄糖苷含量为3%～8%，它在没有发芽、受潮、压碎等情况下是无毒的。但菜籽中含有硫葡萄糖苷酶，可将硫葡萄糖苷分解为异硫氰酸酯、噁唑烷硫酮、腈等有毒物质。异硫氰酸酯有辛辣味，严重影响菜籽粕（饼）的适口性；高浓度时对黏膜有强烈的刺激作用，对公猪也会引起胃肠炎、肾炎、支气管炎、肺水肿和甲状腺肿大，会影响公猪的身体健康和种用性能。

4. 饲料中氨基酸要平衡　公猪饲养，可以使用氨基酸添加剂来平衡公猪的日粮，玉米—豆粕型日粮主要注意添加赖氨酸、蛋氨酸、苏氨酸和色氨酸，具体添加量参照美国NRC饲养标准酌情执行。这样会使公猪对各种氨基酸的利用更加科学合理，减少资源浪费。

5. 矿物质、维生素的均衡　钙、磷的添加最好使用磷酸氢钙（钙21%～23%，磷18%左右）和石粉（钙35%～38%），使用磷酸氢钙不但钙磷利用率高，而且还能防止同

源动物传染病发生。而骨粉钙磷含量不稳定，并且由于加工不当会造成利用率降低，特别是夏季容易发霉、氧化而产生异味，影响公猪的食欲和健康。磷酸氢钙在配合饲料中使用比例为1.5%～2%，石粉1%左右。在选购磷酸氢钙时要选择低氟低铅的，防止氟、铅含量过高造成蓄积性中毒，影响公猪身体健康。一般要求氟磷比小于1/100，铅含量低于50 mg/kg。其他矿物质饲料均应注意有毒有害物质的残留，以免影响公猪身体健康和种用性能。另外，公猪日粮食盐含量应控制在0.30%～0.40%。

维生素的补充多使用复合维生素添加剂，但要妥善保管，防止过期和降低生物学价值。

6. 灵活掌握饲喂量 公猪饲养过程中，应该根据其年龄、体重、配种任务、舍内温度等灵活掌握喂量。正常情况下，配种期间成年公猪的日粮量为2.5～3.0 kg/头；非配种期间日粮量为2 kg/头左右；为了使种公猪顺利地完成季节配种任务，保证身体不受到损害，生产实践中多在季节配种来临前2～3周提前进入配种期饲养。

7. 青年公猪饲养 对于青年公猪，为了满足自身生长发育需要，可增加日粮给量10%～20%。种公猪每天应饲喂2～3次，其饲料类型多选用干粉料或生湿料。通过日粮也可以控制其体重增长，特别是采用本交配种的猪场更应防止公猪体重过大。

8. 严禁使用营养含量低的饲料 种公猪饲养过程中，不要使用过多的青绿多汁饲料，以免降低公猪对能量、蛋白质等营养物质的实际摄入量，并容易形成草腹而影响公猪身体健康和本交配种。稻壳粉和秸秆粉，不但本身不能被消化吸收反而会降低其他饲料中营养物质的消化吸收，在公猪日粮中使用会造成营养缺乏，降低种用价值，应严禁使用。

9. 饮水清洁、卫生、爽口 要保证公猪有清洁、卫生、爽口的饮水，影响水爽口的主要因素是温度和味道，水的温度要求冬天不过凉，夏季要凉爽，应该无异味，饮水卫生标准与人的相同。每头种公猪每天饮水量为10～12 L，通过饮水槽或自动饮水器供给，最好选用自动饮水器饮水。饮水器安装高度为55～65 cm（与种公猪肩高等同），水流量至少为250 mL/min。

四、种公猪管理

1. 分群 公猪在6月龄左右，体重70～80 kg时即可以达到性成熟，这时应进行公母分群饲养，防止乱交滥配。分群后的公猪多实行单圈栏饲养，单圈栏饲养每头公猪所需面积至少2 m×2 m。单圈栏饲养虽然浪费一定建筑面积，但是可以防止公猪间相互爬跨和争斗咬架；同时也便于根据实际情况随时调整饲料和日粮。当公猪间出现咬架现象时，应用木板隔开或用水冲公猪的眼部，然后将公猪驱赶开。

2. 运动 为了保证公猪膘情、增进体质健康、提高精子活力，公猪应进行一定量的运动。有驱赶运动、自由运动和放牧运动3种。驱赶运动适于工厂化养猪场，在场区内沿场区工作道每天上、下午各运动1次，每次运动时间为1～2 h，每次2 km，具体时间要安排在1 d内适于人猪出行的最佳时期；遇有雪、雨等恶劣天气应停止运动，还要注意防止冬季感冒和夏季中暑。如果不进行驱赶运动，应安排公猪自由运动，理想的户外运动场至少7 m×7 m，保证公猪具有一定的运动面积。有放牧条件的可以进行放牧运动，公猪既得到了锻炼又可以采食到一些青绿饲料，从而补充一部分营养物质，对于提高公猪精液品质，增强体质十分有益。缺乏运动容易造成公猪体质衰退加快，配种性能降低，公猪过早淘汰。

3. 公猪采精训练　实行人工授精的猪场，应在公猪使用前进行采精训练。具体做法是：使用金属或木制的与母猪体型相似、大小相近的台猪，固定在坚实的水泥地上，台猪的猪皮应进行防虫蛀和防腐防霉处理。前几次采精训练前应涂上发情母猪尿液或黏液，便于引诱公猪爬跨。采精前，先将公猪包皮内残留尿液挤排出来，并用0.1%的高锰酸钾溶液将包皮周围消毒；然后将发情母猪赶到台猪的侧面，让被训练的公猪爬跨发情母猪，当公猪达到性欲高潮时，立即将母猪赶离采精室，再引导公猪爬跨台猪；当阴茎勃起伸出后，进行徒手采精或使用假阴道采精。也可以不借助假台猪进行采精，其方法是：用0.1%高锰酸钾溶液将包皮、睾丸及腹部皮肤擦洗消毒；先用一只手用力按摩睾丸5～10 min，然后再用这只手隔着腹部皮肤握住阴茎稍用力前后撸动5 min左右，使阴茎勃起；阴茎勃起伸出后，可用另一只手进行徒手或假阴道采精。注意不要损伤公猪阴茎，公猪射精完毕后，顺势将阴茎送回，防止阴茎接触地面造成感染。

采精训练成功后应连续训练5～6 d，以巩固其建立起来的条件反射。训练成功的公猪，一般不要再进行本交配种。训练公猪采精时要有耐心，采精室要求清洁、安静、光线要好、温度15～20℃。要防止噪声和异味干扰。

4. 定期检查精液和称重　公猪在使用前2周左右应进行精液品质检查，防止因精液品质低劣影响母猪受胎率和产仔数。尤其是实行人工授精的猪场更应重视这项工作，以后每月要进行1～2次精液品质检查。对于精子活力0.7以下，密度1亿个/mL以下，畸形率18%以上的精液不宜用于人工授精，限期调整饲养管理规程，如果调整无效应将种公猪淘汰。

青年公猪应定期进行体重测量，以便掌握其生长发育情况，使公猪在16～18月龄体重控制在150～180 kg。定期精液品质检查和体重称量，有利于公猪的科学饲养和使用。

5. 其他管理　如果公猪脾气很坏，应每隔6个月左右进行1次打牙。用钢锯或建筑上用于剪钢筋的钢钳，在齿龈线处将獠牙剪断，以防止公猪咬伤人和猪。应每天刷拭猪体5～10 min，这样既有利于皮肤卫生和血液循环，又有利于“人猪亲和”便于使用和管理。

注意公猪所居环境温度，公猪在35℃以上的高温环境下精液品质下降，并导致应激期过后4～6周较低的繁殖力，甚至终生不育。使用遭受热应激的公猪配种，母猪受胎率较低，产仔数较少。为了减少热应激给公猪带来的不良后果，应采取一些减少热应激措施：避免在烈日下驱赶运动，猪舍和运动场有足够的遮光面积供公猪趴卧，天气炎热时向床面洒水或安装通风设施，并且注意饲料中矿物质和维生素的添加。公猪因运动不足易造成蹄匣变形，非混凝土地面饲养的公猪蹄匣无磨损而变尖变形后影响正常使用和活动，应该用刀或电烙铁及时修理蹄匣。

除此之外，还应根据本地某些传染病的流行情况，科学地进行免疫接种。国外养猪技术先进国家的做法是定期对种公猪进行血清检测，随时淘汰阳性者。公猪每年至少进行2次驱虫，驱除体内外寄生虫，选用药物种类和剂量根据寄生虫种类而定，防止中毒。

五、种公猪利用

公猪的配种能力和使用年限与公猪使用强度关系较大。如果公猪使用强度过大，将导致公猪体质衰退，降低配种成绩，造成公猪过早淘汰；使用强度过小，公猪种用价值得不到充分利用，是一种浪费。12月龄以内公猪，每周配种6～7次；12月龄以上的公猪每周配种10次。如果进行人工授精，12月龄以内公猪每周采精1～2次；12月龄以上的每周采精2～3次，每次采精300～400 mL。值得指出的是，避免青年公猪开始配种时与断奶后的发情母猪配种，以免降低公猪将来的配种兴趣。种公猪的使用年限一般为3年左右；国外利用年限平均为2～2.5年。

六、种公猪选择和更新淘汰

1. 选择 在养猪生产上要选择生长速度快、饲料转化率高、背膘薄的品种或品系作为配种公猪，从而提高后代的生长速度和胴体品质。其外型要求身体结实强壮，四肢端正，腹线平直，睾丸大并且对称，乳头6对以上并且排列整齐，无瞎乳头。不要选择有运动障碍，站立不稳，直腿，高弓背的公猪，以免影响配种。

2. 淘汰更新 公猪更新淘汰率一般为35%～40%。因此，猪场应有计划地培育或外购一些生产性能高、体质强健的青年公猪，取代那些配种成绩较低（是指本年度或某一段时间内与配母猪受胎率低于50%），配种使用3年以上，或患有国家明令禁止的传染病或难以治愈和治疗意义不大的其他疾病的公猪（如口蹄疫、猪繁殖呼吸障碍综合征、圆环病毒病等）。公猪所产生后代如果不受市场欢迎，造成销售困难时，也应进行淘汰，以便获得较大的经济效益。

能力转化

一、填空题

1. 在本交季节性配种的情况下，1头公猪1年要负担________头母猪的配种任务；如果实行人工授精技术，1头公猪1年至少可以完成________头左右母猪的输精任务。

2. 所谓种公猪的种用体况是指公猪不过肥不过瘦，________成膘。

3. 在种公猪的饲养中，严禁使用________饲料和营养含量________的饲料。

4. 驱赶运动适于工厂化养猪场，在场区内沿场区工作道每天上、下午各运动一次，每次运动时间为________ h，每次________ km。

5. 对于精子活力________以下，密度________亿个/mL以下，畸形率________以上的精液不宜进行人工授精。如果进行人工授精，12月龄以内公猪每周采精________次；12月龄以上的每周采精________次，每次采精300～400 mL。种公猪的使用年限一般为________年；国外利用年限平均为________年。公猪更新淘汰率一般为________。

二、问答题

1. 饲养种公猪应注意哪些问题？

2. 在种公猪的管理中主要做哪些工作？如何正确利用种公猪？

项目二 空怀母猪的饲养管理

任务1 空怀母猪的饲养

一、母猪配种前总体要求

经产母猪空怀时间很短，一般只有 5～10 d，而后备母猪配种前饲养时间根据其开始配种的时期而定，如果在第 2 个发情期配种，其时间为 21 d 左右；如果在第 3 个发情期配种，则时间为 42 d 左右。无论是经产母猪还是后备母猪，其目标是通过科学的饲养和管理促使其正常发情、排卵和受孕。

母猪发情可以观察到，但排卵是观察不到的，只能通过母猪体质膘情来推断饲养效果。生产实践中，要求母猪在配种前应具有一个良好的繁殖体况，不肥不瘦，七八成膘。就是母猪外观看不到骨骼轮廓（骨、脊柱、肩胛骨），也不能因肥胖出现的“夹档肉”，以用手稍用力触摸背部可以触到脊柱为宜。外观能够看到脊柱及髋骨或肩胛骨甚至肋骨的母猪属于偏瘦；那些体长与胸围几乎相等，出现“夹档肉”，手触不到脊柱的母猪应该是偏肥了。另外一种判断方法是在早晨空腹时，根据其腰角下方、膝褶斜前方凸凹状况来判定（方法与种公猪相同）。母猪过于肥胖，会影响卵巢功能，引起发情排卵异常。但后备母猪过于消瘦，会使性成熟延迟，减少母猪使用年限。因此，过肥过瘦都不利于繁殖，将来均会出现发情排卵和产仔泌乳异常等不良后果。

二、空怀母猪的饲养

空怀母猪的饲养时间虽然只有 5～42 d，但为了保证母猪能够正常地发情、排卵、参加配种，首先应根据后备母猪和经产母猪的饲养标准科学地配合饲料，满足其能量、蛋白质、氨基酸、矿物质和维生素的需要。后备母猪日供给消化能应为 35.52 MJ，经产母猪为 28.42 MJ。后备母猪饲料粗蛋白质为 14%～16%，赖氨酸 0.7%左右；经产母猪的饲料粗蛋白质为 12%～13%，赖氨酸 0.50%～0.55%。后备母猪饲料中的钙为 0.95%，总磷为 0.80%；经产母猪饲料中钙为 0.75%，总磷为 0.60%。由于配种前母猪饲料中粗纤维含量往往较高，所以需要水较多，每天每头 12～15 L。

在饲料配合过程中要注意饲料原料的质量，不用或少用那些消化吸收较差的原料，如血粉、羽毛粉、玉米酒糟、玉米面筋等，有条件时可以使用5%～10%的苜蓿草粉，有利于母猪繁殖和泌乳。对于瘦肉型猪种，在饲料配合过程中，不要使用传统养猪中常用的营养价值不高甚至没有营养价值的“劣质粗饲料”，否则会降低母猪繁殖性能，甚至造成母猪2～3胎以后发情配种困难。而在传统粗放饲养中，母猪生产水平较低，可以接触土壤和青草野菜，获得一定的营养补充，所以采用较多的劣质粗料，也较少出现繁殖问题。此外，应根据母猪的年龄和膘情灵活掌握日粮给量。经产空怀母猪一般每天每头给混合饲料2 kg左右；后备母猪每天每头给混合饲料2.5 kg左右。北方冬季圈舍温度达不到15～20℃时，可以增加日粮给量10%～20%。为了增加后备母猪排卵数，尤其是初配母猪排卵数，可以对后备母猪实施短期优饲。具体做法是：在配种前1～2周至配种结束，增加日粮给量2～3 kg，这样不仅可以增加排卵数1～2枚，而且可以提高卵子质量。

母猪配种前的饲养过程中必须保证充足的饮水，建议每6～8头母猪安装1个饮水器，高度和水流量同公猪。一般多安装在靠近粪尿沟一侧，以防饮水时洒在床面上。使用水槽饮水时，要求水槽保持清洁，饮水经常更换，每天至少更换3～4次。

能力转化

一、填空题

1. 生产中，要求母猪在配种前应具有良好的繁殖体况，不肥不瘦，________成膘。

2. 应根据后备母猪和经产母猪的饲养标准科学地配合饲料，后备母猪日供给消化能应为________ MJ，经产母猪为________ MJ；后备母猪粗蛋白质为________，赖氨酸________左右，经产母猪的粗蛋白质为________，赖氨酸________；后备母猪饲料中的钙为________，总磷为________，经产母猪饲料中钙为________，总磷为________。由于配种前母猪饲料中粗纤维含量较高，所以需要水较多，每日每头________ L。

3. 对于瘦肉型猪种，在饲料配合时，不要使用________，否则会降低母猪繁殖性能。

4. 经产空怀母猪一般每天每头给混合饲料________ kg左右；后备母猪每日每头给混合饲料________ kg左右。北方冬季圈舍温度达不到15～20℃时，可以增加日粮给量________。

5. 建议每________头空怀母猪安装1个饮水器，一般多安装在靠近________，以防饮水时洒在床面上。使用水槽饮水时，要求水槽保持清洁，饮水经常________，每天至少更换________次。

二、问答题

1. 增加后备母猪排卵数的具体做法是什么？

2. 在饲料配合过程中如何注意饲料原料的质量？

任务2　空怀母猪的管理

知识储备

一、空怀母猪的管理

母猪配种前要认真观察发情，特别是后备母猪初次发情，征状不明显，持续时间较短，因此，一定要认真观察并做好记录，以便安排母猪配种。

配种前母猪多实行群养，每头母猪所需要的面积至少为1.6～1.8 m^2（非漏缝地板）；要求舍内光线良好，一般采光系数为1：10；同时地面不要过于光滑，防止跌倒摔伤和损伤肢蹄；床面如果是实体地面，坡度应为3%～5%，以便于冲刷消毒，但坡度过大时，母猪趴卧疲劳增加体能消耗，或者增加脱肛和阴道脱出发生率。有条件的猪场，舍外应设运动场，可增加母猪运动量、呼吸新鲜空气、接受阳光照射等，都有利于母猪健康，运动场的面积至少3.5 m×5 m。群养一般每栏饲养6～8头为宜，不要过多，以免影响观察发情或强夺弱食，影响生产。母猪小群饲养既能有效地利用建筑面积，又能促进发情。当同一圈栏内有母猪发情时，由于爬跨和外激素刺激，可以诱导其他空怀母猪发情。近年来，有些猪场采用空怀母猪单栏限位饲养，限位面积每头母猪为0.75 m×2.2 m，这种饲养方式有利于提高圈舍建筑的利用率，便于人工授精操作和根据母猪年龄、体况进行饲料配合和日粮定量来调整膘情。采用此种饲养方式时，最好在母猪尾端饲养公猪，有利于刺激母猪发情，同时要求饲养员要认真仔细观察发情，才能确保降低母猪空怀率。

此外，还应注意母猪配种前免疫接种，以防传染病发生。每个猪场应根据流行病学调查结果（查找以往发病史）、血清学检查结果等适时适量地进行传染病疫苗接种。无传染病威胁的猪场可接种灭活苗或不接种，以免出现疫苗的不良反应影响生产。另外，母猪每年至少进行两次驱虫，如果环境条件较差或者是某些寄生虫多发地区，应酌情增加驱虫次数。驱虫所需药物种类、剂量和用法应根据寄生虫实际发生情况或流行情况来决定，要防止中毒。

二、母猪的选择与更新淘汰

1. 母猪的选择　进行纯种繁殖的猪场，应选择相同品种但无亲缘关系的公母猪相互交配；生产杂种母猪的猪场，应选择经过配合力测定或经多年生产实践证明杂交效果较好的杂交组合所需要的品种，与公猪进行配套生产；生产商品肉猪的猪场，根据生产需要，选择二元或三元杂种母猪进行生产，目前多选择长大杂种母猪。母猪应该食欲旺盛，能够正常发情，体质结实健康，四肢端正，活动良好；背腰平直或略弓，腹线开张良好；乳头6对以上，并且排列整齐，无瞎乳头、内凹乳头、外翻乳头等畸形；外阴大小适中无上翘。

2. 母猪淘汰更新　正常情况下，母猪7～8胎淘汰，年更新率为30%左右。因此，猪

场应有计划地选留或购入一些适应市场需求、生产性能高、外型好的后备母猪补充母猪群。但遇到下列情形之一者应随时淘汰：

产仔数低于 7 头；在营养、管理正常情况下，连续两胎少乳或无乳；断奶后两个情期不能发情配种；食仔或咬人；患有难以治愈和治疗意义不大的疾病，如猪繁殖呼吸障碍综合征、圆环病毒病等；肢蹄损伤；后代有畸形，如疝气、隐睾、脑水肿等；母性差；体型过大，行动不灵活，压踩仔猪；后代的生长速度和胴体品质指标均低于猪群平均值。

三、母猪繁殖障碍及解决方法

1. 母猪繁殖障碍的原因 繁殖障碍的主要问题是母猪不能正常发情排卵，其原因是：

（1）疾病性繁殖障碍。主要是由于卵泡囊肿、黄体囊肿、永久性黄体而引起的。卵泡囊肿会导致排卵功能丧失，但仍能分泌雌激素，使得母猪表现发情持续期延长或间断发情；黄体囊肿多出现在泌乳盛期母猪、近交系母猪、老年母猪中，母猪表现乏情；持久性黄体导致母猪不发情。另外，卵巢炎、脑肿瘤等都会造成母猪不能发情排卵。

（2）营养性繁殖障碍。母猪营养不合理也会造成繁殖障碍，如长期营养水平偏高或偏低，导致母猪过度肥胖或消瘦，导致母猪发情和排卵失常；母猪长期缺乏维生素和矿物质，特别是维生素 A、维生素 E、维生素 B_2、硒、碘、锰等，使母猪不能按期发情排卵。

2. 解决母猪繁殖障碍的方法 母猪出现繁殖障碍，通常是根据出现的数量、时间、临床表现等进行综合分析。封闭式饲养管理条件下，首先，要考虑营养因素；其次，考虑疾病或卵巢功能问题。如果是营养方面的原因，要及时调整饲料配方，对于体况偏肥的母猪应减少能量供给，可以通过降低饲料能量浓度或日粮给量来实现，同时适当增加运动；体况偏瘦的母猪应增加能量供给，同时保证饲料中蛋白质的数量和质量，封闭式饲养要特别注意矿物质和维生素的使用，满足繁殖母猪对各种营养物质的需要。如果是疾病原因造成的母猪繁殖障碍，有治疗可能的应积极治疗，否则应及时淘汰；卵巢功能引起的繁殖障碍，只有持久性黄体较易治愈，一般可使用前列腺素 $F_{2\alpha}$ 或其类似物处理，使黄体溶解后，母猪在第 2 次发情时即可配种受孕。

后备母猪初次发情配种困难比较常见，为了促进母猪发情排卵，可以对其进行诱情。具体做法是：每天早饲后或晚饲后将体质强壮、性欲旺盛的公猪与不发情母猪放在同一栏内，每次 30 min 左右，公猪爬跨行为和外激素刺激可以促进母猪发情，一般经过 1 周左右即有母猪发情。很多猪场为了促进后备母猪发情，在后备母猪体重达到 70～80 kg 时即进行诱情。如果接触 1～2 周，无母猪发情应更换公猪，最好是成年公猪。此种做法不宜过早进行，以防后备母猪对公猪产生"性习惯"而不发情。

通过以下几种方法也能刺激母猪发情排卵：①母猪运输或转移到一个新猪舍，在应激刺激作用下可使母猪发情排卵；②重新组群；③将正在发情时期的母猪与不发情母猪同栏饲养；④封闭式饲养条件下的母猪安排几天户外活动，让其接触土壤及青草野菜。

目前，市场上出售的各种催情药物多属于激素类，在没有搞清楚病因之前不要盲目使用，以免造成母猪内分泌紊乱，或者母猪只发情不排卵，即使母猪配了种也达不到受孕目的。

能力转化

一、填空题

1. 配种前母猪多实行群养，每头母猪所需要面积至少________ m^2（非漏缝地板）；一般每栏饲养________头为宜。

2. 正常情况下母猪________胎淘汰；年更新率为________左右。

3. 繁殖障碍的主要原因归纳为__________和__________。

二、简述题

1. 简述空怀母猪的管理要点。

2. 简述怎样选择母猪？

3. 简述母猪淘汰更新的条件。

4. 简述解决母猪繁殖障碍的方法。

项目三 猪的配种

任务1 猪的初配适龄

一、母猪发情排卵规律及初配适龄

1. 母猪发情排卵规律

（1）性成熟。猪生长发育到了一定年龄和体重后，生殖器官已发育完全，具备了繁殖能力，称为性成熟。母猪的性成熟年龄为3～6月龄。地方种猪性成熟较早，一般3～4月龄；引进种猪性成熟较晚，一般为6月龄左右。

（2）发情周期。达到性成熟而未妊娠的母猪，在正常情况下每隔一定时间就会出现一次发情，由一次发情开始到下一次发情开始的时间间隔称为发情周期。母猪最初的2～3次发情规律性较差。母猪发情周期一般为19～23 d，平均21 d。母猪发情周期分为发情前期、发情期、发情后期和间情期4个时期。发情周期是一个逐渐变化的生理过程，4个时期之间并无明确的界限。母猪在发情过程中会产生一系列形态和生理变化。主要归纳为4个方面：机体精神状态的变化，如兴奋或安静；母猪对公猪的性欲反应，如交配欲的有无及其表现程度；卵巢变化情况，如卵泡的发育、排卵和黄体形成等；母猪生殖道生理变化。

发情前期：是卵巢卵泡准备发育的时期。卵巢上前一个发情周期所产生的黄体逐渐萎缩，新的卵泡开始生长；子宫腺体略有生长，但形态变化不大，生殖道轻微充血，肿胀，腺体活动逐渐增加，此时期母猪通常越来越躁动不安，食欲降低或无，开始寻找公猪，但母猪此时无性欲表现。

发情期：指母猪在一个发情周期中从发情开始到这次发情结束所经历的时间，又称为发情持续期。此时，母猪具有性欲表现，母猪阴门肿胀程度逐渐增强，到发情盛期达到最高峰；整个子宫充血，肌层收缩加强，腺体分泌活动增加，阴门处有黏液流出；子宫颈变松弛；卵巢卵泡发育加快，此时母猪试图爬跨并嗅闻同栏其他母猪，但本身不接受爬跨，母猪尿中和阴道分泌物中有吸引和激发公猪的外激素。一般在此时期的末期开始排卵。

发情末期：在这个时期，母猪由发情的性欲激动状态逐渐转入静止状态；子宫颈管道逐渐收缩，腺体分泌活动逐渐减少，黏液分泌量少而黏稠；子宫内膜逐渐变厚，表层上皮较高，子宫腺体逐渐发育；卵泡破裂排卵后形成红体，最后形成黄体。

间情期：此时期又称为休情期。母猪的性欲已完全停止，精神状态也完全恢复正常。间情期的早期，子宫内膜增厚，表层上皮呈高柱状，子宫腺体高度发育，大而弯曲且分支多。腺体活动旺盛。间情期的后期，增厚的子宫内膜回缩，呈矮柱状，分泌黏液量少，黏稠；卵巢黄体已发育完全，因此这个时期为黄体活动时期。

母猪在发情期配种，如果没有受孕，则间情期过后，又进入发情前期；如已受孕，母猪不再发情，就不应该称间情期。但是母猪产后发情却不遵循上述规律。母猪产后有 3 次发情，第 1 次发情是产后 1 周左右，此次发情绝大多数母猪不能配种受孕；第 2 次发情是产后 27～32 d，此次既发情又排卵，但只有少数母猪（带仔少或地方猪种）可以配种受孕；第 3 次发情是仔猪断奶后 1 周左右，现在工厂化养猪场绝大多数母猪在此次发情期内完成配种。

（3）排卵规律。排卵是指卵巢上的卵泡成熟破裂，卵随卵泡液排出的生理过程。母猪发情持续时间为 40～70 h，排卵在后 1/3 时间内，而初配母猪要晚 4 h 左右。其排卵的数量因品种、年龄、胎次、营养水平不同而异。一般初次发情母猪排卵数较少，以后逐渐增多。营养水平高可使排卵数增加。现代引进品种母猪在每个发情期内的排卵数一般为 20 枚左右，排卵持续时间为 6 h 左右；地方品种猪每次发情排卵为 25 枚左右，排卵持续时间 10～15 h。

2. 初配适龄　母猪性成熟时身体尚未成熟，还需要继续生长发育，因此，此时不宜进行配种。过早配种不仅影响第 1 胎产仔成绩和泌乳，而且影响将来的繁殖性能；过晚配种会降低母猪的有效利用年限，相对增加种猪成本。一般适宜配种时间为：引进品种或含引进品种血液较多的猪种（系）、大型品种、晚熟品种猪主张 7～8 月龄，体重 90～110 kg，在第 2 或第 3 个发情期实施配种；地方品种、小型品种、早熟品种猪 6 月龄左右，体重 70～80 kg 时开始参加配种。但在实际生产中，个别猪场对养猪生产技术掌握得不好，自己培育的母猪第 1 次发情就配种，导致产仔数较少，一般只有 7 头左右，并且出现产后少奶或无奶。也有些猪场外购后备母猪由于受运输、环境、饲料、合群等应激影响，到场后 1 周左右出现发情，于是安排配种，结果同样出现产仔数少、产后无奶等情况，其原因主要是由于发情排卵不正常、乳腺系统发育欠佳等引起的。

二、公猪的性成熟及初配适龄

1. 公猪的性成熟　地方品种公猪 3～6 月龄即可达到性成熟，引进品种公猪一般 6～7 月龄达性成熟，可以产生正常成熟的精子，具有一定繁殖能力。

2. 初配适龄　公猪达到性成熟时，身体尚未成熟，此时不能参加配种，要求公猪身体基本成熟时方可参加配种，否则将会影响公猪身体健康和配种效果。公猪过早使用或配种强度过大会导致性欲减退，未老先衰，并且会影响后代的质量；过晚使用会使公猪有效利用年限减少。瘦肉型品种或含瘦肉型品种血缘的公猪，开始配种利用的年龄为 8～9 月龄，体重为 100～120 kg。

能力转化

一、技能活动

母猪发情鉴定（详见实验实训 5）。

二、名词解释

性成熟　发情周期　排卵　发情持续期

三、实训题

采用静立反应检查法进行母猪发情鉴定。

任务 2　猪的配种

知识储备

一、配种

1. 母猪发情表现　母猪发情时表现为兴奋不安，哼叫，食欲减退。未发情的母猪食后上午均喜欢趴卧睡觉，而发情的母猪却常站立于圈门处或爬跨其他母猪。将公猪赶入圈栏内，发情母猪会主动接近公猪。母猪外阴部潮红、水肿，多有黏液流出。

2. 配种时间　精子在母猪生殖道内保持受精能力的时间为 10～20 h，卵子保持受精能力的时间为 8～12 h。母猪发情持续时间一般为 40～70 h，但因品种、年龄、季节不同而异。瘦肉型品种发情持续时间较短，地方猪种发情持续时间较长；青年母猪比老龄母猪发情持续时间要长，春季比秋冬季节发情持续时间要短。具体的配种时间应根据发情鉴定结果来决定，大多在母猪发情后的第 2～3 天。老龄母猪要适当提前做发情鉴定，防止错过配种佳期；青年母猪可在发情后第 3 天左右做发情鉴定。母猪发情后每天至少进行两次发情鉴定，以便及时配种（发情鉴定方法见实验实训 5）。本交时应安排在静立反射产生时；而人工授精的第 1 次输精应安排在静立反射（公猪在场）产生后的 12～16 h，第 2 次输精安排在第 1 次输精后 12～14 h。

3. 配种方式

（1）单次配种。母猪在一个发情期内，只配种 1 次。这种方法省工省事，但配种时间掌握不好会影响受胎率和产仔数，实际生产中应用较少。

（2）重复配种。母猪在一个发情期内，用 1 头公猪先后配种 2 次以上，其时间间隔为 8～12 h。生产中多安排 2 次配种，具体时间多安排在早晨或傍晚前。这种配种方法，可使母猪输卵管内经常有活力较强的精子及时与卵子受精，有助于提高受胎率和产仔数。这种配种方式多用于纯种繁殖场。

（3）双重配种。母猪在一个发情期内，用两头公猪分别交配，其时间间隔为 5～10 min，这样做可以提高母猪受胎率和产仔数。此法只适于商品生产场。

4. 配种方法

（1）人工辅助交配。应选择地势平坦、地面坚实而不光滑的地方作配种栏（场），配种栏（场）地面应使用人工草皮、橡胶垫、水泥砖、木制地板或在水泥地面上放少量沙子、锯屑以利于公、母猪的站立。配种栏的规格一般长 4.0 m，宽 3.0 m。配种栏（场）周围要安静无噪声，无刺激性异味干扰，防止公、母猪转移注意力。公母猪交配前，首先将母猪的阴门、尾巴、臀部用 0.1%高锰酸钾溶液擦洗消毒，将公猪包皮内尿液挤排干净，使用 0.1%的高锰酸钾将包皮周围消毒。配种人员带上消毒的橡胶手套或一次性塑料手套，准备做配种的辅助工作。当公猪爬跨到母猪背上时，用一只手将母猪尾巴拉向一侧，另一只手托住公猪包皮，将包皮口紧贴在母猪阴门口，这样便于阴茎进入阴道。公猪射精时肛门闪动，阴囊及后躯充血，一般交配时间为 10 min 左右。当公猪与母猪体重差距较大时，可在配种栏（场）地面临时搭建木制的平台或土台，其高度为 10～20 cm。如果公猪体重体格显著地大于母猪，应将母猪赶到平台上，而将公猪赶到平台下，当公猪爬到母猪背上时，由两人抬起公猪的两前肢，协助母猪支撑公猪完成配种；反之，如果母猪体重体格显著地大于公猪，应将公猪赶到台上，而将母猪赶到台下进行配种。应注意的问题：地面不要过于光滑；把握好阴茎方向，防止阴茎插进肛门；配种结束后不要粗暴对待公、母猪。公、母猪休息 10～20 min 后，将公、母猪各自赶回原圈栏，此时应注意避免公猪与其他公猪接触，防止争斗咬架；然后填写好配种记录表或将配种资料存入计算机，一式两份，一份办公室存档，另一份现场留存，用于配种效果检查和生产安排。

（2）人工授精（具体详见实验实训 6）。

二、配种制度

猪属于常年发情的家畜，一年四季都可发情、配种。根据市场需要、猪场生产条件、生产水平和种猪状况，可将母猪的分娩情况划分为常年分娩和季节分娩两种。

1. 常年配种　就是一年四季的任何时期都有母猪配种。这可以充分利用圈舍及设备，均衡地使用种猪，均衡地向市场提供种猪、仔猪或商品肉猪。但常年配种、均衡生产需要有一定的生产规模，规模过小时，不会达到降低成本的目的。

2. 季节配种　将母猪分娩时间安排在有利于仔猪生长发育的季节里，减少保温防暑投资，但种猪利用不均衡，圈舍设备利用不合理，一般适合在北方生产规模较小时采用。

能力转化

一、技能活动

1. 猪的人工授精技术（详见实验实训 6）。

2. 给发情母猪进行人工授精。

二、名词解释

单次配种　重复配种　双重配种　常年配种　人工授精

三、填空题

1. 母猪发情持续时间一般为________ h；具体的配种时间，大多在母猪发情后的第________天。

2. 猪属于________发情的家畜，一年四季都可________、________。

项目四 妊娠母猪的饲养管理

任务1 妊娠母猪的早期表现及胚胎生长发育

一、妊娠母猪早期表现

母猪配种妊娠后在采食、睡眠、行为活动和体型等方面都发生一系列变化，表现为食欲旺盛、喜欢睡眠、行动稳重、性情温驯、喜欢趴卧，尾巴常下垂不爱摇摆，被毛日渐有光泽，体重有增加的迹象。观其阴门，可见收缩紧闭成一条线，这些均为妊娠母猪的综合表征。但个别母猪在配种后 3 周左右出现假发情现象，发情持续时间短，一般只有 1～2 d。对公猪不敏感，虽然稍有不安，但不影响采食。

二、胚胎生长发育规律及影响因素

1. 胚胎生长发育规律 精子与卵子在输卵管上 1/3 壶腹部完成受精后形成合子。受精后第 13～14 天胚胎开始于子宫壁疏松附着（着床），在第 18 天左右着床完成。胚胎前 40 d 主要是组织器官的形成和发育，生长速度很慢，此时胚胎重量只有初生重的 1%左右；妊娠 41～80 d，胚胎生长速度比前 40 d 要快一些，80 d 时胚胎重量可达400 g左右；81 d 到出生，生长速度达到高峰，仔猪初生重的 60%～70%在此期间内生长完成。可见妊娠后期是关键时期，母猪的饲养管理将直接影响仔猪初生重。

2. 影响胚胎生长发育的因素 母猪每次发情排卵 20～30 枚，完成受精形成合子乃至胚胎的为 17～18 个，但真正形成胎儿出生的仅有 10～15 头。造成这种情况的原因主要是胚胎各时期的死亡。统计资料表明，胚胎死亡在胎盘形成以前占受精合子的 25%左右，胎盘形成以后胚胎死亡数占受精合子的 12%～15%。

妊娠 36 d 以内死亡的胚胎被子宫吸收了，因此见不到任何痕迹。而妊娠 36 d 以后死亡的胚胎不能被子宫吸收，形成木乃伊或死胎。引起胚胎死亡或者母猪流产的因素主要有：

（1）遗传因素。公猪或母猪染色体畸形可以引起胚胎死亡；近亲繁殖使得胚胎的生活力降低，从而导致胚胎中途死亡数量增加或者胚胎生存质量下降，弱仔增多，产仔数降低。

（2）营养因素。母猪日粮中维生素 A、维生素 E、维生素 D、维生素 B_1、维生素 B_2、维生素 B_6、维生素 B_{12}、泛酸、叶酸、胆碱，以及矿物质硒、锰、碘、锌等不足会导致胚胎死亡、胚胎畸形、仔猪早产、仔猪出生后出现“劈叉症”、母猪“假妊娠”等。妊娠前期能量水平过高，母猪过于肥胖，引起子宫壁血液循环受阻，导致胚胎死亡。

（3）环境因素。母猪妊娠期间所居环境温度对胚胎发育也有一定影响。当环境温度超过32℃，通风不畅，湿度较大时，母猪将出现热应激，引起母猪卵巢功能紊乱或减退。高温条件下容易导致子宫内环境发生不良变化，造成胚胎附植受阻，胚胎存活率降低，产仔数减少，木乃伊、死胎、畸形增加。这种现象常发生在每年7、8、9三个月份配种的母猪群中，猪场应在饲料中添加一些抗应激物质，如维生素C、维生素E、硒、镁等，同时注意母猪所居环境的防暑降温、通风换气，以减少繁殖损失。

（4）疾病因素。某些疾病对母猪的繁殖形成障碍，临床上出现母猪“假妊娠”，死胎、木乃伊胎增加，弱仔、产后即死和母猪流产等不良后果，如猪瘟，猪繁殖与呼吸障碍综合征，猪圆环病毒病，猪乙型脑炎，衣原体病，猪肠病毒感染，猪脑心肌炎感染，猪流感，猪伪狂犬病，猪细小病毒病，口蹄疫，巨细胞病毒感染。布鲁氏菌病，李氏杆菌病，链球菌病，钩端螺旋体病，猪附红细胞体病，弓形虫等。

（5）其他方面。母猪铅、汞、砷、有机磷、霉菌、龙葵素中毒，药物使用不当，疫苗反应，公猪精液品质不佳或配种时机把握不准等，均会引起胚胎畸形、死亡乃至流产。

能力转化

一、技能活动

猪早期妊娠诊断的方法（详见实验实训7）。

二、填空题

1. 精子与卵子在________上1/3壶腹部完成受精；妊娠________d到出生，生长速度达到高峰，仔猪初生重的________在此期间内生长完成。

2. 母猪每次发情排卵为________枚左右，完成受精形成合子乃至胚胎的为________个，但真正形成胎儿出生的仅有________头。

三、实训题

猪早期妊娠诊断的方法。

任务2　妊娠母猪的饲养管理

知识储备

一、妊娠母猪营养需要

妊娠母猪营养需要因母猪品种、年龄、体重、胎次有所不同。

1. 能量需要　1998年NRC推荐的妊娠母猪消化能为25.56～27.84 MJ/d。

2. 蛋白质、氨基酸需要　1998年NRC建议，妊娠母猪粗蛋白质水平为12%～

12.9%。玉米—麸子—豆粕型日粮，赖氨酸是第一限制性氨基酸，在配制日粮时不容忽视，不要片面强调蛋白质水平，导致母猪各种氨基酸真正摄取量很少，不能满足妊娠生产的需要。赖氨酸水平为0.52%～0.58%，其他氨基酸的需要参照NRC（1998）标准酌情执行。

3. 矿物质需要 美国1998年NRC推荐钙0.75%，总磷0.60%，有效磷0.35%，氯化钠0.35%左右。在考虑数量的同时还要考虑质量，配合日粮时要选择容易被吸收、重金属等杂质含量低的矿物质原料。因为母猪繁殖7～8胎才能淘汰，存活4年左右，容易导致重金属蓄积性中毒，影响母猪繁殖生产。

4. 维生素需要 妊娠母猪对维生素的需要有13种，注意在日粮中供给。

5. 水的需要 妊娠母猪日粮量虽较少，但粗纤维含量相对较高，一般为8%～12%。所以对水的需要量较多，一般每头妊娠母猪日需要饮水12～15 L。

二、妊娠母猪饲养

根据胚胎生长发育规律和妊娠母猪本身营养特点，依据饲养标准科学配合饲料，注意各种饲料的合理搭配，保证胚胎正常生长发育。整个妊娠期本着“低妊娠、高泌乳”的原则，即削减妊娠期间的饲料给量，但要保证矿物质和维生素的供给。

妊娠母猪的日粮量应根据母猪年龄、胎次、体况、体重、舍内温度等灵活掌握。一般175～180 kg、经产七八成膘的妊娠母猪为：前期（40 d内）2 kg左右，中期（41～80 d）2.1～2.3 kg，后期（81 d以后）2.5 kg左右。青年母猪可相应增加日粮量10%～20%，以确保自身继续生长发育的需要；圈舍寒冷可增加日粮10%～20%。整个妊娠期间母猪的增重要求控制在35～45 kg为宜，其中前期一半，后期一半。青年母猪第1个妊娠期增重达45 kg左右为宜；第2个妊娠期增重40 kg左右；第3个妊娠期以后增重35 kg左右为宜。总之，妊娠母猪后期膘情以八成半膘为宜，过瘦过肥均不利。妊娠母猪过肥，易出现难产或产后不爱吃料影响泌乳的后果；过瘦会造成胚胎过小或产后无奶，甚至还可以影响断奶后的发情配种。鉴于上述情况，妊娠母猪提倡限制饲养，合理控制母猪增重，有利于母猪繁殖生产。

妊娠期间严禁饲喂发霉变质的饲料和过冷的饲料。应控制粗饲料喂量，有些猪场为了节省精料，使用30%～50%以上的稻壳粉即所谓“稻糠”，饲喂妊娠母猪，导致母猪产后无乳、死胎增加或者断奶后不能按时发情配种，应引起注意。现代养猪生产，猪的生产水平较高，并处于封闭饲养或半封闭饲养，接触不到土壤、青草和野菜，因此所有营养只能靠人为添加供给，否则将影响生产水平的发挥，甚至不能繁殖生产。国外主张使用5%～10%的苜蓿草粉，既有一定的蛋白质含量，又能饱腹，对母猪一生繁殖生产有益。近几年，国内外有些猪场在母猪产前2～4周至仔猪断奶，向母猪饲料中添加3%～5%动物脂肪，有利于提高仔猪初生重和育成率，有利于泌乳。

妊娠母猪限制饲养有许多益处：①可以增加胚胎存活；②减少母猪难产；③减少母猪压死出生仔猪可能性；④减少母猪哺乳期失重；⑤有利于母猪泌乳期食欲旺盛；⑥降低养猪饲料成本；⑦减少乳房炎发病率；⑧减少肢蹄病发生率；⑨延长母猪使用寿命。

妊娠母猪限制饲喂的方法有：

①单栏饲养法。利用单栏饲养单独饲喂，最大限度地控制母猪饲料摄入，节省饲料，同时避免了母猪之间因抢食发生的咬架，减少机械性流产和仔猪出生前的死亡。但由于限位栏面积过小，母猪无法趴下，长期站立，肢蹄发病率增加，使母猪计划外淘汰率增加。

②隔日饲喂法。此饲养方法适于群养母猪，也就是将一群母猪1周的日粮集中在3 d喂饲，使用前应设计一个饲喂计划，允许母猪在1周的3 d中每日自由采食8 h，剩余4 d不再投料，但要保证清洁爽口的饮水。饲喂计划实例：周一，8 h自由采食，5.5～6.3 kg；周三，8 h自由采食，5.5～6.3 kg；周五，8 h自由采食，5.5～6.3 kg。

每周合计喂料16.5～18.9 kg，平均每头母猪日粮为2.3～2.7 kg。此方法也能防止胆小体弱母猪吃不饱，造成一栏母猪体况不均或者影响胚胎生长发育。隔日饲喂法要求必须有一个宽阔的投料面积，使每头母猪都有采食位置，以免咬架；另外，饲喂时间不要过短，保证每头母猪一次采食吃饱。

③日粮稀释法。在饲料配合时使用一些高纤维饲料，如苜蓿草粉、干燥的酒糟、麦麸等，降低饲料的能量浓度。稀释后的日粮具有较好的饱腹感，防止母猪饥饿躁动，影响其他母猪休息，同时也降低了饲料成本。

④母猪电子识别饲喂系统。使用电子饲喂器自动供给每头母猪预定饲喂量，计算机控制饲喂器，母猪耳标上密码或颈圈的传感器来识别母猪，当母猪要采食时，就来到饲喂器前，计算机就会供给1 d当中一小部分饲料，1台饲喂器可饲养48头母猪，1d 24h每0.5 h为一期。

三、妊娠母猪管理

1. 饲养方式　妊娠母猪多采取群养的饲养方式，一般每栏饲养6～8头为宜。应安排配种日期相近的母猪在一起饲养，便于调整日粮。妊娠母猪所需使用面积一般为每头1.5～2 m^2（非漏缝地板）。一定要有充足的饲槽，保证同栏内所有妊娠母猪同时就食（饲槽长度应大于全栏母猪肩宽之和），防止有些母猪胆小吃不到料或因争抢饲料造成不必要的伤害和饲料损失。保证充足、卫生、爽口的饮水。饮水器的高度应为平均肩高加5 cm，一般为55～65 cm，以保证饮水方便。

2. 运动　在每个圈栏南墙可留一个供妊娠母猪出入的小门，其宽为0.60～0.70 m，高1 m左右，便于母猪出入舍外运动栏。有条件的猪场可以进行放牧运动，即有利于母猪健康和胚胎发育，也有利于将来的分娩。

3. 创造良好环境　妊娠舍要求卫生、清洁，地面不过于光滑，要有一定的坡度，以便于冲刷，其坡度为3%左右，有利于母猪出入，但不要过大或过小。坡度过大，妊娠母猪趴卧不舒服；过小，冲刷不方便。圈门设计宽度要适宜，一般宽为0.60～0.70 m，防止出入挤撞。舍内温度控制在15～20℃，注意通风换气。简易猪舍要注意防寒防暑，妊娠母猪环境温度超过32℃时，会导致胚胎死亡或中暑流产。妊娠猪舍要安静，防止强声刺激引起流产。

4. 其他方面　初配母猪妊娠后期应进行乳房按摩，有利于乳腺系统发育，有利于泌乳。猪场根据本地区传染病流行情况，在妊娠后期进行疫苗的免疫接种工作。如果有寄生虫，要进行体内外寄生虫的驱除。掌握好用药剂量和用药时间，谨防中毒。母猪在妊娠

15周时使用0.1%的高锰酸钾溶液（35～38℃）进行全身淋浴消毒，猪身体干后迁入分娩舍待产。这个时期猪场可根据疾病的流行情况，在产前在饲料中添加抗生素1周，预防一些疾病的发生。

四、防止流产

1. 流产的原因

（1）营养性流产。妊娠母猪日粮中长期严重缺乏蛋白质会导致流产；长期缺乏维生素A、维生素E、维生素B_1、维生素B_2、泛酸、维生素B_6、维生素B_{12}、胆碱、锰、碘、锌等将引起妊娠母猪流产、化胎、弱仔和畸形。硒添加过量时也会导致死胎或弱仔增加。母猪采食发霉变质饲料、有毒有害物质、冰冷饲料等也能引起流产。

（2）疾病性流产。妊娠母猪患有卵巢炎、子宫炎、阴道炎、感冒发烧时可能会引起母猪流产。有些传染病和寄生虫病将引起母猪中止妊娠或影响妊娠母猪正常产仔。如猪繁殖呼吸障碍综合征、圆环病毒病、细小病毒病、乙型脑炎、伪狂犬病、肠病毒感染、猪脑心肌病毒感染、巨细胞病毒感染、猪瘟、狂犬病、布鲁氏菌病、李氏杆菌病、丹毒杆菌病、钩端螺旋体病、附红细胞体病、弓形虫病等。

（3）管理不当造成流产。夏季高温天气可诱发母猪流产。妊娠母猪舍地面过于光滑，行走摔倒，出入圈门挤撞，饲养员拳打脚踢或不正确的驱赶、突发性惊吓刺激等都将会造成母猪流产或影响正常产仔。

（4）其他方面。不合理用药、免疫接种不良反应等。

2. 防止流产措施 应根据其饲养标准结合当地饲料资源情况科学地进行配合。注意矿物质和维生素的合理添加，防止出现缺乏症和中毒反应。根据本地区传染病流行情况，及时接种疫苗进行预防，并注意猪群的淘汰和隔离消毒。对患有某些传染病的种猪应严格淘汰，防止其影响本场及周围地区猪群健康。加强猪场内部管理，减少饲养员饲养操作带来的应激。禁止母猪在光滑的水泥地面上或冰雪道上行走或运动，控制突发噪声等。

能力转化

一、填空题

1. 妊娠母猪的日粮量，一般175～180 kg、经产七八成膘的妊娠母猪为：前期（40 d内）________ kg左右，中期（41～80 d）________ kg，后期（81 d以后）________ kg左右。青年母猪可相应增加日粮量________，以确保自身继续生长发育的需要；圈舍寒冷可增加日粮________。整个妊娠期间母猪的增重要求控制在________ kg为宜，其中前期________，后期________。妊娠期间严禁饲喂________饲料和________饲料。

2. 妊娠母猪多采取群养的饲养方式，一般每栏饲养________头为宜。

二、问答题

1. 对妊娠母猪限制饲养有哪些益处？

2. 妊娠母猪限制饲喂的方法有哪些？

3. 如何防止妊娠母猪流产？

项目五　猪的接产

任务1　产前准备工作

一、分娩舍的准备和消毒

分娩舍要经常保持清洁、干燥，舍内温度为15～22℃，相对湿度50%～70%。在使用前1周左右，用2%氢氧化钠溶液或其他消毒液进行彻底消毒，6～10 h后用清水冲洗，通风干燥后备用。其分娩栏所需数量根据工厂化猪场和非工厂化猪场两种情况分别进行计算。

工厂化猪场所需分娩栏（床）数量＝周分娩窝数×（使用周数＋1）

例如：某一猪场每周分娩35窝，仔猪3周龄断奶，则该猪场应准备分娩栏（床）为35×（3＋1）＝140（个）；非工厂化猪场所需数量的计算方法，首先根据仔猪断奶时间和以往母猪配种分娩率（一般为85%），计算出全年猪场产仔窝数，然后根据断奶时间、母猪待产时间和分娩栏（床）消毒准备时间，计算出每一个分娩栏（床）年使用次教。

全年需要分娩栏（床）数＝全年产仔窝数/分娩栏（床）年使用次数

例如：某一猪场有基础母猪100头，仔猪实行4周龄断奶，母猪在分娩栏（床）待产和分娩栏（床）消毒时间1周。则该场全年产仔窝数为100 × 365÷（114＋28＋7）×85%＝208窝，分娩栏（床）年使用次数＝52/（4＋1）＝10.4（次），全年需要分娩栏（床）＝208/10.4＝20（个），该猪场应准备分娩栏（床）至少20个。

二、物品准备

根据需要准备高床网上产仔栏、仔猪箱、探布、剪刀、耳号钳子或耳标器和耳标、记录表格、5%碘酊、0.1%高锰酸钾溶液或0.1%洗必泰溶液、注射器、3%～5%来苏儿、医用纱布、催产素、肥皂、毛巾、面盆、应急灯具、活动隔栏、计量器具（秤）等。北方寒冷季节应准备垫料、250 W红外线灯或电热板、液体石蜡等。

三、母猪产前饲养管理

母猪于产前1周转入产房，以便于其熟悉环境，有利于分娩。但不要转入过早，防止污染环境。非集约化猪场产前1～2周停止放牧运动。如果母猪有体外寄生虫，应进行体外驱虫，防止其传播给仔猪。进入产房后应饲喂泌乳期饲料，并根据膘情和体况决定增减料，正常情况下大多数母猪此时膘情较好，应在产前3 d逐渐减料，直到临产前1 d其日粮量为1.2～1.5 kg。产仔当天最好不喂或少喂，但要保证饮水。如果环境卫生条件较差或母猪体质较弱，在产前1周可以向母猪饲料中添加泰乐菌素、阿莫西林、金霉素或强霉素等，这样做也可以减少仔猪下痢的发生。添加剂量为：泰乐菌素100 mg/kg、强霉素100 mg/kg。对于由于其他原因造成妊娠母猪体况偏瘦的，不但不应减少日粮给量，还应增加一些富含蛋白质、矿物质、维生素的饲料，确保母猪安全分娩和泌乳。

国内外有些猪场通过向母猪饲料中添加3%～5%的动物脂肪，可以显著提高仔猪育成率和母猪泌乳力。值得指出的是，母猪产前患病必须及时诊治，以免影响分娩、泌乳和引发仔猪黄痢等病。

能力转化

1. 怎样消毒分娩猪舍，如何准备分娩栏？
2. 在母猪产前应准备哪些物品？
3. 母猪产前在饲养管理方面有哪些要求？

任务2　分娩接产

知识储备

一、母猪产仔前征兆

母猪产前4～5 d乳房开始膨胀，初产母猪更是如此，两侧乳头外张，乳房红晕丰满。阴门松弛，变软变大，由于骨盆开张，尾根两侧下凹。有的母猪产前2～3 d可以挤出清乳，多数母猪在产前12～24 h可以很容易挤出浓稠的乳汁，泌乳性能较好的母猪乳汁外溢，但个别母猪产后才有乳汁分泌。母猪产仔前6～10 h出现叼草做窝现象，即使没有垫草其前肢也会做出捡草动作。与此同时，母猪行动不安，一会趴卧，一会站立行走，有人在旁边时，母猪发出“哼哼”声。产前2～5 h频频排泄粪尿，产前0.5～1 h母猪卧下，出现阵缩（子宫在催产素作用下不自主而有规律的收缩），阴门流出淡红色或淡褐色黏液即羊水。这时应准备接产。

二、接产技术

当母猪安稳地侧卧后，发现母猪阴道内有羊水流出，母猪阵缩频率加快且持续时间变长，并伴有努责时（腹肌和膈肌的收缩），接产人员应进入分娩栏内。若在高床网上分娩应打开后门，接产人员应蹲或站立在母猪后侧，将母猪外阴、乳房和后躯用0.1%的高锰酸钾溶液擦洗消毒，然后准备接产。具体接产方法见实验实训 8。

三、母猪难产处理

母猪从第 1 头仔猪产出到胎衣排出，整个分娩过程持续时间为 2～4 h，多数母猪 2～3 h。产仔间隔时间一般为 10～15 min。

1. 难产的原因　由于各种原因致使分娩进程受阻，称为难产。难产多数情况下是由于母猪产道狭窄以及患病身体虚弱造成分娩无力。母猪初配年龄过早或体重过小，母猪年龄过大，母猪偏肥、偏瘦易难产。具体判断方法是，羊水流出时间超过 30 min，母猪躁动或疲劳，精神不振，这时应立即实施难产处理；分娩过程中难产多数是由于胎位不正或胎儿过大造成的。母猪表现产仔间隔时间变长并且多次努责，激烈阵缩，仍然产不出仔猪；母猪呼吸急促，心跳加快，烦躁紧张，可视黏膜发绀等均为难产症状，应立即进行难产处理。

2. 难产处理　发生母猪难产时，对于产道正常、胎儿不过大、胎位正常的处理方案是进行母猪乳房按摩，用双手按摩前边 3 对乳房 5～8 min，可以促进催产素的分泌，有利于分娩。按摩乳房不奏效可肌内注射催产素，剂量为：每 50 kg 体重 10 IU，臀部肌内注射。注射后 20～30 min，可能有仔猪产出。如果注射催产素助产失败或产道异常、胎儿过大、胎位不正，应实施手掏术。术者首先要认真剪磨指甲，用 3%的来苏儿消毒手臂，并涂上液体石蜡或肥皂，蹲在高床网上产仔栏后面或侧卧在母猪臀后（非网床产仔）。手成锥状，于母猪努责间隙，慢慢地伸入母猪产道（先向斜上后直入），中指伸入胎儿口腔内，呈“L”形钩牙齿，食指压在胎儿鼻突上将胎儿慢慢地拉出。如果胎儿是臀位时，可直接抓住胎儿后肢将其拉出，不要拉得过快以免损伤产道。掏出 1 头仔猪后，可能转为正常分娩，就不要再掏了。如果实属母猪分娩子宫收缩乏力，可全部掏出。凡是进行过手掏术的母猪，均应抗炎预防治疗 5～7 d。以免产后感染影响将来的发情、配种和妊娠。至于剖宫产，除非品种稀少或种猪成本昂贵，否则不提倡。因为剖宫产使用药品较多，且母猪术后护理较为困难。

四、假死仔猪急救

假死仔猪是指出生时没有呼吸或呼吸微弱，但心脏仍在跳动的仔猪。抢救方法：

1. 人工呼吸　抢救者首先用擦布抠出假死仔猪口腔内的黏液，同时将口鼻周围擦干净。然后用一只手抓握住假死仔猪的头颈部，使仔猪口鼻对着抢救者，用另一只手将 4～5 层的医用纱布捂在假死仔猪的口鼻上，抢救者可以隔着纱布向假死仔猪的口内或鼻腔内吹气，并用手按摩其胸部。当假死仔猪出现呼吸迹象时，即可停止人工呼吸。

2. 倒提拍打法　抠完假死仔猪的黏液后，立即用左（右）手将仔猪后腿提起，然后用右（左）手稍用力拍打假死仔猪的臀部，发现假死仔猪躯体抖动，深吸一口气，说明呼吸中枢启动，假死仔猪已被抢救过来。

3. 刺激胸肋法　首先将假死仔猪口腔内及口鼻周围黏液抠出擦净，然后抢救者用两膝盖将假死仔猪后躯夹住固定，使假死仔猪与抢救者同向，用擦布用力上下快速搓擦假死仔猪的胸肋部，当发现假死仔猪有哼叫声，说明抢救成功。

经抢救过来的仔猪，同样要求进行“擦身”“断脐”、吃初乳等。

五、母猪产后的饲养和管理

1. 母猪产后饲养 母猪产后由于腹内在短时间内排出的内容物容积较大，造成母猪饥饿感增强，但此时不要马上饲喂大量饲料。因为此时胃肠消化功能尚未完全恢复，一次性食入大量饲料会造成消化不良。产后第1次饲喂时间最好是在产后2～3 h，并且严格掌握喂量，一般只给0.5 kg左右。以后日粮量逐渐增加，产后第1天，2 kg左右；第2天，2.5 kg左右；第3天，3 kg左右；第4天，体重170～180 kg带仔10～12头的母猪可以给日粮5.5～6.5 kg。要求饲料营养丰富，容易消化，适口性好。同时保证充足的饮水。

2. 母猪产后管理 母猪产后身体很疲惫，需要休息，在安排好仔猪吃足初乳的前提下，应让母猪尽量多休息，以便迅速恢复体况。母猪产后应将胎衣及被污染垫料清理掉，严禁母猪生吃胎衣和嚼吃垫草，以免母猪养成食仔恶癖和造成消化不良。母猪产后3～5 d，注意观察母猪的体温、呼吸、心跳、皮肤黏膜颜色、产道分泌物、乳房、采食、粪尿等，一旦发现异常应及时诊治，防止病情加重影响正常的泌乳和引发仔猪下痢等疾病。生产中常出现乳房炎、产后生殖道感染、产后无乳等情况，应引起充分注意，以免影响整个生产。

能力转化

一、技能活动

1. 活动任务：母猪的接产技术。

2. 材料：临产前的母猪、1%高锰酸钾溶液、5%碘酊、肥皂、毛巾、液体石蜡、剪刀、产科绳等。

3. 方法步骤：到养猪场参观实习，学习猪的接产技术。

二、填空题

1. 产前0.5～1 h母猪卧下，出现阵缩，阴门流出淡红色或淡褐色黏液即________流出。这时应准备________。母猪从第1头仔猪产出到胎衣排出，整个分娩过程持续时间为________h，多数母猪________h。产仔间隔时间一般为________min。

2. 产后第一次饲喂时间最好是在产后________h，并且严格掌握喂量，一般只给________kg左右。以后日粮量逐渐增加，产后第1天，________kg左右；第2天，________kg左右；第3天，________kg左右；第4天，体重170～180 kg带仔10～12头的母猪可以给日粮________kg。

三、实训题

到养猪场参观实习，学习猪的接产技术。

项目六 泌乳母猪的饲养管理

任务1 母乳的作用与影响泌乳的因素

一、母乳的作用

猪乳与其他家畜乳比较，干物质含量多，蛋白质、矿物质含量高。母乳是仔猪生后1周内唯一的营养来源，仔猪生后2周内生长发育所需的各种营养物质主要来源于母乳。初乳是迄今为止任何代乳品都不能替代的一种特殊乳品。可见，养好泌乳母猪对于仔猪的成活和生长发育十分重要。

二、乳房的构造及泌乳

母猪的乳房构造比较特殊，每个乳房均没有贮备乳汁的乳池，而是由1～3个乳腺体组成的。每个乳腺体是由许许多多的乳腺泡汇集成一些乳腺管，这些乳腺管最后又汇集成乳头管开口于乳头。除产后最初的1～3 d外，其余时期如果仔猪不拱揉刺激是吃不到乳的。猪的所有乳房中乳腺数量并不相等。其中，前边乳房的乳腺数多于中部，中部又多于后部。乳腺的数量直接影响每个乳房的泌乳量，乳腺数量多，泌乳量就大。因此，前边乳房的泌乳量高于中、后部的乳房。

母猪的泌乳受神经和内分泌双重调节，在排乳激素作用下，乳腺泡开始收缩产生乳汁流淌到乳腺管内，由乳腺管又流淌到乳头管，此时仔猪便吃到了乳。

三、影响泌乳的因素

1. 品种 不同的品种或品系其泌乳量也不同，一般瘦肉型品种（系）的泌乳量高于肉脂兼用型或脂肪型。

2. 年龄（胎次） 正常情况下，第1胎的泌乳量较低，第2胎开始上升，第3、4、5、6胎维持在一定水平上，第7、8胎开始下降。因此，工厂化养猪主张母猪7～8胎淘汰。

3. 哺乳仔猪头数 母猪带仔头数的多少将影响泌乳量，带仔头数多，则母猪泌乳量就高，但每头仔猪日获得的奶量却减少了。

4. 营养 营养水平的高低直接影响母猪的泌乳量，特别是能量、蛋白质、矿物质、维生素、饮水等对母猪泌乳性能均有影响。为了提高母猪泌乳量，提高仔猪生长速度，应充分满足母猪所需要的各种营养物质。

5. 乳头位置 乳头位置不同，泌乳量不同。原因是由于乳房内的乳腺体数不同。一般前 3 对乳头泌乳量高于中、后部乳头（表 5－1）。

表 5－1 不同乳头位置的泌乳量比例

乳头位置	1	2	3	4	5	6	7
所占泌乳量比例（%）	23	24	20	11	9	9	4

6. 环境 温湿度适宜，安静舒适有利于泌乳。相反，高温、高湿、低温、噪声干扰等环境将使母猪泌乳量降低。

能力转化

一、填空题

1. 猪前边乳房的乳腺数________中部，中部又________后部。因此，前边乳房的泌乳量________中、后部的乳房。

2. 母猪的泌乳受________和________双重调节。

3. 正常情况下，第 1 胎的泌乳量较低，第 2 胎开始________，第________胎维持在一定水平上，第 7、8 胎开始________。因此，工厂化养猪主张母猪 7～8 胎________。

4. 母猪带仔头数多，则母猪泌乳量就________，但每头仔猪日获得的奶量却减少了。

二、简答题

1. 猪的母乳有何作用?

2. 影响母猪泌乳的因素有哪些?

任务 2 泌乳母猪的饲养管理

知识储备

一、泌乳母猪的饲养

1. 掌握好能量水平 为了使泌乳母猪在 4～5 周的泌乳期内体重损失控制在 10～14 kg，体重 175 kg 左右的母猪，带仔猪 10～12 头的情况下，饲料消化能的浓度为 14.12 MJ/kg，日粮量为 5.5～6.5 kg，可保证食入消化能总量为 78～92 MJ。泌乳母猪按顿饲喂时，每天饲喂 4 次左右，以生湿料喂饲效果较好。母猪产仔后第 4 天起自由采食，有利于泌乳和身体健康。如果夏季天气炎热，舍内没有降温设施，会使母猪食欲下降，为了保证母猪食入所需要的能量，可以在其日粮中添加3%～5%的动物脂肪或植物油；冬季舍内温度达不到15～20℃时，母猪体能损失过多，影响了母猪泌乳，建议增加日粮给量，或是向日粮中添加3%～5%的脂肪，以保证泌乳母猪所需要能量，充分发挥母猪的泌乳潜力。如果母猪日粮给量过少，导致泌乳期间体重损失过多，身体过度消瘦，将造成断奶后母猪不能正常发情配种。

2. 保证蛋白质的数量和质量　泌乳母猪日粮中蛋白质数量和质量直接影响母猪的泌乳量。日粮中粗蛋白质水平一般应控制在16.3%～19.2%较为适宜。同时，还要注意蛋白质的质量。实际生产中，多用含必需氨基酸较丰富的动物性蛋白质饲料，来提高饲料中蛋白质质量，也可以使用氨基酸添加剂，使日粮中赖氨酸水平在0.75%左右。动物性蛋白质饲料多选用优质鱼粉，一般使用比例为5%左右，植物性蛋白质饲料首选豆粕，其次是其他杂粕。但棉粕、菜粕在喂饲前要进行去毒、减毒，否则不能使用，以免造成母猪蓄积性中毒，影响以后的繁殖利用。

3. 满足矿物质和维生素供给　日粮中矿物质和维生素含量不仅影响母猪泌乳量，而且也影响母猪和仔猪的健康。泌乳母猪饲料中的钙、磷一般使用1%～2%磷酸氢钙和1%左右的石粉。处于封闭饲养条件下的母猪，其他矿物质也应该添加。

哺乳仔猪生长发育所需要的各种维生素均来源于母乳，而母乳中的维生素又来源于饲料，因此母猪日粮中的维生素将影响仔猪的维生素供给。某些维生素的缺乏，不一定在泌乳期得以表现，而是影响母猪以后的繁殖性能。因此，应注意日粮中各种维生素的添加，充分满足泌乳母猪的生产需要。

4. 饮水要充足　泌乳母猪每天需饮水为25～30 L。在保证饮水数量的同时还要注意饮水的质量，保证饮水卫生、清洁，尤其是夏季应保证饮水清凉爽口。使用自动饮水器时，饮水器的安装高度应为母猪肩高加5 cm（一般为55～65 cm），饮水器水流量至少250 mL/min。如果没有自动饮水装置，应设立饮水槽，水槽每天至少更换饮水4次，严禁饮用不符合饮水标准的水。

二、泌乳母猪管理

泌乳母猪应饲养在温湿度适宜、卫生清洁、无噪声的猪舍内。冬季要有保温取暖设施，夏季要注意防暑降温和通风换气，雨季要注意防潮。泌乳母猪舍的温度一般为15～22℃。哺乳母猪理想的温度为18℃，每增加1℃，每头母猪每天饲料摄取量将减少100 g。不要在泥土地上养猪，以免增加寄生虫感染机会。经常观察母猪的采食、排泄、体温、皮肤黏膜颜色，注意乳房炎的发生及乳头的损伤。发现异常现象应及时采取措施，防止影响泌乳，引发仔猪黄痢或白痢等疾病。有条件的猪场可以在母猪产后2周左右，由母猪带仔猪进行放牧运动，这样有益于母仔健康，但时间要掌握好，以保证母猪饲喂、饮水时间。放牧距离也不要过远，免得母仔疲劳，如果环境较差或母猪体况不佳，泌乳母猪在产后1～2周可实行保健饲养法，减少疾病，有利于泌乳。具体做法是，泌乳母猪日粮中添加泰乐菌素和阿莫西林或强力霉素，添加量为100～150 mg/kg。除此之外，还应根据某些传染病流行情况进行猪瘟和其他传染病的免疫接种工作。

三、防止母猪无奶或奶量不足

1. 原因

（1）营养方面。母猪在妊娠期间能量水平过高或过低，使得母猪偏肥或偏瘦，造成母猪产后无奶或泌乳性能不佳；泌乳母猪蛋白质水平偏低或蛋白质品质不好，日粮中严重缺钙、缺磷，或钙、磷比例不当，饮水不足等都会出现无奶或奶量不足。

（2）疾病方面。母猪患有乳房炎、链球菌病、感冒发烧、肿瘤等疾病将出现无奶或奶量不足。

（3）其他方面。高温、低温、高湿、环境应激，母猪年龄过小、过大等，都会出现无奶或奶量不足。

2. 防止母猪无奶或奶量不足的措施　根据饲养标准科学配合日粮，满足母猪所需要的各种营养。封闭式饲养的母猪，更应格外注意各种营养的合理供给，在确认无病、无管理过失的情况下，可以用下列方法进行催乳。

（1）将胎衣洗净煮沸 20～30 min，去掉血腥味，然后切碎，连同汤一起拌在饲料中分 2～3 次喂无奶或奶量不足的母猪。严禁生吃，以免造成消化不良或养成食仔恶癖。

（2）产后 2～3 d 无奶或奶量不足，可给母猪肌内注射催产素，剂量为每 100 kg 体重 10 IU。

（3）用淡水鱼或猪内脏、猪蹄、白条鸡等煎汤拌在饲料中喂饲。

（4）泌乳母猪适当喂一些青绿多汁饲料，可以增加母猪的奶量，但要控制量，防止过多饲喂青绿饲料而影响混合精料的采食，造成能量、蛋白质、矿物质营养的摄入量不足，长此下去泌乳母猪身体受损。

（5）中药催乳法。王不留行 36 g、漏芦 25 g、天花粉 36 g、僵蚕 18 g、猪蹄 2 对，水煎分两次拌在饲料中喂饲。

四、断奶后母猪饲养管理

仔猪断奶当天，对于七成膘的母猪，其日粮量为 2 kg 左右，每天喂 2 次，停喂青绿多汁饲料。下床或驱赶时要正确驱赶，以免肢蹄损伤。迁回母猪舍后 1～2 d，群养的母猪应注意看护，防止咬架致伤致残。断奶后 3 d 内，注意观察母猪乳房的颜色、温度和状态，发现乳房炎应及时诊治。断奶后 1 周左右，注意观察母猪发情情况，及时安排配种。对于泌乳期间失重较大的母猪，应给予特殊饲养，使其体况迅速恢复，以便于母猪配种妊娠。

能力转化

1. 怎样饲养泌乳母猪？
2. 母猪产后无奶的原因有哪些？
3. 可采取哪些措施防止母猪无奶或奶量不足？
4. 怎样才能养好断奶后母猪？

第六单元

仔猪与后备猪的饲养管理

【学习目标】

1．了解哺乳仔猪的生理特点，掌握初生仔猪的护理养育措施。
2．熟悉并掌握哺乳仔猪的饲养管理方法。
3．了解仔猪的断奶条件，掌握其断奶方法。
4．熟练掌握断奶仔猪的饲养管理方法。
5．了解并重视后备猪的饲养管理工作。

项目一　哺乳仔猪饲养管理

任务 1　初生仔猪护理养育

知识储备

一、哺乳仔猪的生理特点

1. 无先天免疫力，容易生病　由于母猪的胎盘结构比较特殊，在胚胎期间母体的免疫物质（免疫球蛋白）不能通过血液循环进入胎儿体内。因而仔猪出生时无先天免疫力，自身又不能产生抗体。只有靠吃初乳获得免疫力。因此，仔猪 1～2 周龄前，几乎全靠母乳获得抗体，并且随时间的增长，母乳中抗体含量逐渐下降。仔猪在 10 日龄以后自身才开始产生抗体，并随年龄的增长而逐渐增加，但直到 4～5 周龄时数量还很少，6 周龄以后主要靠自身合成抗体。可见，2～6 周龄是母体抗体与自身抗体衔接间断时期，并且 3 周龄前仔猪胃内又缺乏游离盐酸，对由饲料、饮水和其他环境中接触到的病原微生物无抑杀作用，仔猪易得消化道等疾病。

2. 调节体温能力差，怕冷　仔猪出生时大脑皮层发育不十分健全，不能通过神经系统调节体温。同时，仔猪体内用于氧化供热的物质较少；单位体重维持体温的能量需要是成年猪的 3 倍；仔猪的正常体温比成年猪高 1℃左右，加之初生仔猪皮薄毛稀、皮下脂肪较少，因此，隔热能力较差，形成了产热少、需热多、失热多的情况，导致初生仔猪怕冷。到 3 周龄左右，仔猪调节体温的能力接近完善。在低温环境中，仔猪会被冻僵、冻昏，甚至冻死。

3. 消化道不发达，消化机能不完善　初生仔猪的消化机能并不完善。仔猪出生时胃蛋白酶很少、活性低，其活性仅为成年猪的 25%～33%，8 周龄后其数量和活性急剧上升；胰蛋白酶的分泌量随周龄的增加而增加，其活性也逐渐增强。同时，由于胃内酸性低，导致胃内抑菌、杀菌能力较差，影响胃肠的活动，限制了营养物质的消化吸收。仔猪在 8～12 周龄时盐酸分泌水平接近成猪水平。仔猪对乳糖利用率很低；蔗糖酶一直不多，胰淀粉酶到 3 周龄时逐渐达高峰；麦芽糖酶缓慢上升。脂肪分解酶初生时其活性就比较高，同时胆汁分泌也较旺盛，在 3～4 周龄脂肪酶和胆汁分泌迅速增加，一直保持到 6～7 周龄，因此可以很好地消化母乳中乳化状态的脂肪。

鉴于以上生理特性，葡萄糖无需消化直接吸收，适于任何日龄仔猪；乳糖只适于 5 周龄前，麦芽糖适于任何日龄，但不及葡萄糖；蔗糖极不适宜幼猪，9周龄后逐渐适宜；果糖不适于初生仔猪，木聚糖不适于2周龄前的仔猪；淀粉适于2周龄以后并且最好进行熟化处理。

4. 生长发育快，代谢旺盛　仔猪初生重较小，不到成年体重的1%，但生后生长发育较快，一般初生重为1.5～1.7 kg，30日龄体重可达初生重的5～6倍，60日龄达初生重的10～13倍。仔猪生长较快，物质代谢旺盛，因此所需要的营养物质较多。特别是能量、蛋白质（氨基酸）、维生素、矿物质（钙、磷）等比成年猪需要相对要多，只有满足了仔猪对各种营养物质的需要，才能保证仔猪快速的生长。

二、初生仔猪的护理养育

1. 及早吃足初乳，固定乳头　初生仔猪提倡及早吃足初乳有4个方面原因：①仔猪没有吃初乳以前，体内没有免疫抗体；②母猪分娩时初乳中免疫抗体含量最高，其中70%～80%为免疫球蛋白，以后随时间的延长而逐渐减少；③初乳中含有抗蛋白分解酶，可以防止免疫球蛋白不被分解，但这种酶存在时间较短，没有这种酶存在，仔猪不能将免疫抗体完整吸收，也就不能产生免疫力；④仔猪出生后24～36 h，小肠吸收免疫球蛋白这种大分子物质的能力较强，48 h以后逐渐减弱。因此，仔猪出生后应及早吃足初乳，以便获得较多的抗体，增强自身免疫力。

为了使全窝仔猪生长发育整齐均匀，提高育成率，待全窝仔猪出生后，应按照体重、体质情况固定乳头。固定乳头的原则是，将体重小或体质弱的仔猪固定到前边的乳头上哺乳，将中等体重、体质的仔猪放到中间乳头位置上哺乳，而将体重大、体质强的仔猪放在后边乳头上哺乳。如果乳头数多于所产仔猪数，应由前向后安排哺乳，放弃后边乳头。具体方法是在仔猪出生后的2～3 d，将仔猪按拟订乳头位置做上标记（用龙胆紫药水），在每次仔猪哺乳时根据其所在位置用手分开。经过2～3 d的训练，仔猪就可以将乳头固定了。这样做也能防止仔猪因争抢乳头干扰母猪泌乳或者损伤母猪乳头。

2. 采取保温、防压措施　低温环境下初生仔猪反应迟钝，行动不灵敏，甚至不会吮乳、冷休克并诱发其他疾病。持续的低温环境甚至可以使仔猪冻死。为此，在哺乳仔猪饲养管理中，应注意采取保温措施。仔猪在出生前母猪体内的温度是39℃左右，生后第1周所居环境温度要求34℃，第2周的温度为32℃，第3周为30℃。以后每周降温幅度控制在2℃以内，降温幅度过大，会引起仔猪下痢等疾病。为满足仔猪的温度需求，可以在仔猪箱内使用250 W红外线灯泡来解决，寒冷季节还可以在仔猪箱内放置电热板。在仔猪趴卧处上方放一只温度计，用于掌握温度高低。第1周红外线灯泡底端距离仔猪箱底的高度为45 cm左右，悬挂过高只起光源作用，悬挂低于45 cm时，灯下温度过高，容易灼伤仔猪；第2周以后悬挂可高些，或减少开灯时间以使仔猪箱内温度下降一些。可通过查看温度计确定开灯时间和高度，也可以通过观察仔猪趴卧姿势来判断仔猪是否舒适，如果仔猪挤堆、身体颤抖、皮肤呈鸡皮样，且全身发红，说明仔猪所居环境温度偏低，应增加热源功率，或通过放置电热板方法来调高仔猪箱内温度；如果仔猪呈放射样趴卧、多靠近出入口或四角，说明仔猪箱内温度过高，应酌情降低仔猪箱内温度，防止箱内外温差过大，引发感冒和下痢等疾病。详见实验实训9。

放置仔猪箱时，要用活动栏或固定栏将母猪与仔猪箱隔开，栏的底端距离地面25～30 cm，或建舍时在地面上安装固定隔桩，供仔猪自由出入母猪区和仔猪区，避免母猪进入仔猪区。这样既可防止压仔，又可防止母猪拱撞仔猪箱。多数规模化猪场的分娩舍内采用高床网上分娩栏，在母猪的左右两侧均安装了防压隔栏，不必再设防压装置。仔猪箱可直接放置在防压隔栏的一侧，另一侧放有仔猪料槽作为开食补料栏使用。

3. 注射铁制剂及补硒 仔猪每增加1 kg体重需要35 mg铁，但母乳中铁含量较低，每天从母乳中只能获得铁1 mg左右。如不及时补铁，1周龄左右，仔猪将会出现缺铁性贫血。其临床症状表现为生长缓慢或停滞、昏睡，可视黏膜苍白、被毛蓬乱无光泽，呼吸频率加快，有的仔猪膈肌突然痉挛而亡。仔猪贫血后抗病力降低，易患传染病、腹泻、肺炎等，有时因缺氧而突然死亡。

生产中常用的补铁方式是肌内注射铁钴合剂。在生后3日龄内，注射剂量为100～200 mg，注射部位为颈部或臀部深层肌肉。注射前应使用75%酒精消毒注射部位，然后每头仔猪单独使用1个针头进行注射，防止交叉感染。

妊娠母猪或仔猪缺乏维生素E或硒的时候，应在仔猪生后注意补维生素E或硒。具体做法是仔猪出生后第1天，每头仔猪肌内注射亚硒酸钠维生素E注射液0.5 mL（含亚硒酸钠0.5 mg、维生素E 25 IU）。

4. 仔猪并窝和过哺 生产中出现下列情况时需要并窝或过哺，便于合理利用母猪及分娩舍设施。①母猪产仔数少于5头；②母猪产仔数多于有效乳头数；③母猪产后因各种原因造成无乳，暂时又无法治愈；④母猪产后突然死亡。

首先要求待并窝或需要过哺的仔猪，在原母猪或其他母猪那里吃2～3 d的初乳。与此同时，选择产期相差3 d以内、泌乳性能高、体质好的母猪做“继母”猪，然后将需要并窝或过哺的仔猪涂上“继母”猪的乳汁或“继母”原带仔猪的尿液。也可以将待并或待哺仔猪与“继母”原带仔猪关在同一个仔猪箱内1～2 h，如果是过哺，应挑选一窝中体重大、体质强壮的仔猪参加过哺，防止受欺。在“继母”猪将要哺乳原窝仔猪前10 min左右，将经过处理的仔猪送到“继母”猪乳房旁，待“继母”猪泌乳时一起吃乳。过哺最好安排在夜间进行，比较容易成功。最初12～24 h要注意看护，防止母猪辨认出来，咬伤并窝或过哺的仔猪。

5. 仔猪编号 为了便于仔猪管理，方便记录和资料存档，在生后2～7日龄应将仔猪进行编号。具体方法如下：

（1）打耳号法（大排号法）。规则：上三下一，左个位右十位。左耳尖100，右耳尖200。左耳中间孔400，右耳中间孔800。

操作者抓住仔猪后，用前臂和胸腹部将仔猪后躯夹住，用左（右）手的拇指和食指捏住将要打号的耳朵，用右（左）手持耳号钳进行打号。注意要避开大的血管。注意防止母猪咬伤操作者。

（2）上耳标法。操作者把耳标书写好后，将上部和下部分别装在耳标器的上部和下部。操作者用前臂的肘部和胸腹部将仔猪保定好，然后用耳标器将耳标铆上，同样注意要避开大的血管。

（3）电子识别。有条件的猪场，可以将仔猪的个体号、出生地、出生日期、品种、系谱等信息转译到脉冲转发器内，然后装在一个微型玻璃管内，插到耳后松弛的皮肤下。需要时用手提阅读器进行识别阅读。

6. 仔猪生后其他处理

（1）剪牙。仔猪生后将胎齿（8个）在齿龈处全部剪断，防止损伤乳头和牙齿变形。

（2）断尾。防止咬尾和母猪将来本交配种方便，仔猪生后1周内，将其尾巴断掉（可以留1/3），然后消毒。

（3）去势。仔猪生后1周内，将不做种用的公仔猪去势。此时去势止血容易，应激小。详见实验实训10。

能力转化

一、填空题

1. 仔猪无先天免疫力，容易得________病；调节体温能力差，__________；

2. 固定乳头的原则是，将体重小或体质弱的仔猪固定到_________乳头上去哺乳，将中等体重、体质的仔猪放到_________乳头位置上哺乳，而将体重大、体质强的仔猪放在_________乳头上去哺乳。

3. 仔猪对所居环境温度的要求是：生后第1周________℃，第2周________℃，第3周________℃。以后每周降温幅度控制在_________℃以内。

4. 生产中常用的补铁方式是肌内注射铁钴合剂，一般在生后________日龄内补给。

5. 仔猪生后将胎齿（8个）在_________全部剪断，防止损伤乳头和牙齿变形。仔猪生后________周内，将其尾巴断掉（可以留1/3），然后消毒。仔猪生后________周内，将不做种用的公仔猪去势。

二、简答题

1. 哺乳仔猪有哪些生理特点？

2. 简述初生仔猪提倡及早吃足初乳的主要原因。

3. 简述仔猪并窝和过哺的方法。

4. 简述仔猪编号的具体方法。

任务2　哺乳仔猪的饲养管理

知识储备

哺乳仔猪生长速度快，需要的各种营养物质多。对哺乳仔猪饲料的要求应重点考虑两方面：一是哺乳仔猪喜欢采食，并且采食后无腹泻；二是仔猪生长速度快。解决饲料适口性相对容易，可以通过添加一些诱食剂得以实现，而解决腹泻和生长速度问题困难相对较大。这里既有饲料营养、饲料原料选择和饲料加工工艺，又有如何注重仔猪保健和对疾病的预防措施等问题。

一、仔猪提早开食适时补料

为了锻炼仔猪消化器官消化饲料的能力，为适时补料做准备，同时也能补充其生长发育所需要的一部分营养。因此，仔猪 7 日龄左右应对仔猪进行开食。

二、仔猪饲料添加有机酸

仔猪 40 日龄前，胃内 pH 较高，影响复杂蛋白质和碳水化合物的消化，因此，在使用以玉米—豆粕以及其他谷物为基础的含酸结合物低的日粮时，添加一定量的有机酸可以提高消化道酸度，激活一些消化酶，提高消化率，抑制或杀灭一些病原微生物，减少疾病发生。常用的有机酸有柠檬酸、乳酸、延胡索酸等，添加比例多为 2%～3%。据美国试验，添加延胡索酸和柠檬酸，可使仔猪日增重分别提高 5.3%和 5.1%，饲料转化率分别提高 4.9%和 6.5%。在添加乳清粉、鱼粉、脱脂奶粉的日粮中，由于含酸结合物较多，故此可不必添加有机酸。

三、仔猪饲料添加抗生素

20 世纪 50 年代开始，商品抗生素作为猪饲料添加剂得到广泛应用，对改善仔猪健康，提高其生长速度和饲料转化率均取得了较好的效果。实践证明，猪的年龄越小，抗生素效果越明显。抗生素的作用效果与下列因素有关：第一，抗生素种类或使用方法，如泰乐菌素可促进 16～49 kg 阶段生长猪增重速度提高 10.9%，饲料转化率提高 4.2%；而林肯霉素对同阶段猪的效果分别为 2.4%、2.5%。试验表明，抗生素联合使用，效果更明显。第二，养猪环境条件与饲养管理，在试验条件下，抗生素可使 6.8～25.9 kg 阶段生长猪的日增重提高 16.9%，饲料转化率提高 7.9%；而在生产条件下，同阶段的猪日增重提高 28.4%，饲料转化率提高 14.5%。第三，猪舍卫生状况，猪舍卫生条件较差时，猪容易感染外源微生物，抗生素可起到应有的作用，使猪的生长速度相对提高。第四，日粮营养状况，日粮全价，营养平衡情况下，抗生素的应用效果有所减少，但与不添加抗生素相比还是有效果的。

抗生素进入体内，抑制和杀死病原微生物，恢复了肠道微生物平衡，从而使猪的健康状况得到改善，促进了生长。抗生素对病原微生物的抑制和扑杀作用途径因抗生素种类而异，青霉素、杆菌肽等主要通过抑制细菌细胞壁合成体系起到抑菌和杀菌作用；其他抗生素有的是通过作用于细菌 RNA 合成酶，—SH 合成酶、叶酸合成、核酸蛋白等环节，起到抑菌和杀菌作用。

目前世界上生产的抗生素作为饲料添加剂的有 60 种左右。我国用于饲料添加剂的也有 20 种左右。常用于仔猪饲料中的品种有：①泰乐菌素，全名磷酸泰乐菌素，添加量 100 mg/kg时，连续饲喂 3 周以上，可预防猪弧菌性痢疾；在仔猪患有萎缩性鼻炎时，有助于维持体重和饲料转化率。添加 20～100 mg/kg 时，能促进仔猪生长，改善饲料转化率。②维吉尼亚霉素，添加量 5～10 mg/kg，可提高增重速度和饲料转化率。③杆菌肽锌，添加 20～40 mg/kg，可提高增重速度和饲料转化率。④林肯霉素，添加剂量为 20 mg/kg，可提高增重速度。⑤金霉素，添加剂量 10～50 mg/kg，提高生长速度和饲料转化率；添加剂量 50～100 mg/ kg，可预防细菌性肠炎。⑥土霉素，添加量 25～50 mg/kg，既可促进生长，提高饲料转化率，又能预防细菌性肠炎和呼吸道疾病，尤其是封闭式饲养环境，常用其预防猪传染性胸膜肺炎和气喘病。⑦盐霉素常用于早期断奶仔猪，其添加量 50～80 mg/kg，促进生长，提高饲料转化率。

四、仔猪饲料添加酶制剂

初生仔猪消化道内主要存在能够消化奶的酶系。其中，乳糖酶、乳脂酶、凝乳酶活性较高，胰蛋白酶也具有一定的活性。至于胃蛋白酶、胰淀粉酶在 3 周龄前活性很低，直到 4～5 周龄后才表现出对非乳类蛋白质和淀粉具有一定的分解能力，并随周龄的增长，其活性逐渐提高，8～10 周龄接近成年猪水平。仔猪开食料和断奶后使用的饲料，主要营养成分的原料多来源于动、植物蛋白质和淀粉。仔猪早期不能充分利用，影响生长乃至健康。仔猪饲料中添加外源消化酶，可以改善其消化能力，提高饲料转化率，防止断奶或更换饲料时增重下降，减少仔猪腹泻和死亡。对于提高生长速度和饲料转化率效果较好。试验研究表明，在仔猪饲料中添加 0.01%淀粉酶和糊精酶可使增重提高 10%，饲料转化率提高 10%。仔猪饲料中添加 0.2%淀粉酶，可提高增重 13.8%。使用时，要掌握好各种外源酶的使用时期和条件，对所选用的酶制剂使用前要进行酶活性检测和安全检验，防止出现消化道及全身不良反应。

五、仔猪饲料添加电解质与缓冲剂

在仔猪饲料中使用电解质或缓冲剂，能改善由日粮的变化而造成仔猪体内酸碱不平衡状况。如豆粕（饼）日粮中钾含量很高，用合成的 L-赖氨酸盐代替豆粕（饼），则需补充含钾电解质以保持电解质平衡。如果日粮中含硫氨基酸比例高时，体内产酸增加，此时需补充缓冲剂来维持酸碱平衡。

环境温度、湿度、仔猪健康状况、饮水量、应激、饲料品质等因素均影响电解质的使用效果。目前，生产上广泛使用的膨润土，含有钙、钠、钾、氯、镁、铁、铜、锌、锰、钴等矿物质元素，是一种良好的缓冲剂，可以吸附大量的水分和多量有机物质，直接添加在仔猪饲料中，可提高仔猪育成率，提高生长速度和饲料转化率，添加量一般为 1%～2%。

六、仔猪饲料添加益生素

维持仔猪消化道内微生物平衡，对于提高其生产性能和保持身体健康十分重要。仔猪断奶、预防接种、驱虫、去势、饲料调整、转群、调群、猪舍过热、卫生状况不佳、通风不良、长途运输、密度过大、天气突变等情况均会使仔猪产生应激，从而改变肠道微生物菌群的平衡状态，造成一些病原微生物大量增殖，使仔猪表现疾病或生产性能下降。经研究发现，从畜禽肠道正常菌群中分离培养得到的有益菌种，可以抑制病原微生物及有害微生物的生长繁殖，同时增加有益微生物的数量，使肠道内形成良性微生态环境，增强机体抗病力，有益于猪的健康和快速生长发育，并且能够提高饲料转化率。因此，益生素会日益广泛地应用于仔猪饲料中。常用益生素菌种有乳酸杆菌、TOYOL 菌剂、需氧芽孢杆菌和双歧杆菌等。

七、仔猪饲料添加中草药保健助长添加剂

中草药具有消食化积，健脾开胃，益肝助肾，理气活血，安神定心，养血补气，驱虫抗病等保健药理作用。同时，中草药本身含有一定的营养物质，有的还含有动物喜爱的香味，添加在饲料中对仔猪具有保健、增进食欲、帮助消化、促进生长，提高生长速度和饲料转化率的作用。多数中草药毒性小，副作用少，用作仔猪饲料添加剂安全可靠，有利于养猪生产和人类健康。

中草药种类繁多，功能各异，用作饲料添加剂时，应根据中草药的作用和特性，结合添加目的和仔猪本身的特点合理选择，以便获得理想的添加效果。中草药中大蒜、葱类、桂皮、茴香、姜、辣椒、胡椒等干粉或提取物及油，多用作调味剂单独使用。多数中草药常常是几种配合在一起相辅互补使用，形成复合中草药饲料添加剂，如促生长剂、驱虫保健剂等。现介绍几种供参考。

（1）何首乌 30 %、白芍 25 %、陈皮 15%、神曲 15%、石菖蒲 10%、山楂 5%，干燥、粉碎混匀。以 1%～2%的剂量添加在生长猪饲料中，具有促进生长，提高饲料转化率的作用。

（2）神曲、麦芽、当归、黄芪各 11.8%，山楂、使君子各 19.6%，槟榔 9.7%，党参 3.9%，干燥、粉碎混匀。每头生长猪每天 30～50 g 投于饲料中，具有促进生长，增强抗病力的作用。

（3）白头翁、黄柏各 18.2%，黄连 9.2%，秦皮、苦参、枳壳、木香各 13.6%，粉碎拌匀，每头猪每天 6～9 g 拌入饲料中，分 2 次投给，连喂 1～2 周，可治疗仔猪白痢、肠炎等。

八、仔猪预防接种

为了保证仔猪健康的生长发育，防止仔猪感染传染病，应根据本地区传染病的流行情况和本场血清学检测结果，适时接种一些疫苗。具体免疫程序及方法详见实训 11。

值得注意的问题，使用猪肺疫、猪丹毒、仔猪副伤寒疫苗的前 3～5 d 和后 1 周内不要使用抗生素药物；口服疫苗时，先用少量冷水稀释疫苗，然后拌在少量饲料内攥成团，均匀地投给每头仔猪，或用注射器（无针头）经口腔直接投给。口服疫苗后 0.5～1 h，方可正式喂饲；各种疫苗免疫间隔为 3～5 d，防止上一次接种产生的应激影响下一次免疫接种效果；病态、断奶、去势、转群时、长途运输后等应激状态不宜免疫接种，以免影响接种效果。

猪瘟疫苗首免日龄不得迟于 25 日龄。以免仔猪产生的自身抗体与母源抗体衔接不上。

九、仔猪高床网上培育技术

高床网上培育哺乳仔猪和断奶仔猪有 3 个优点：①减少冬季地面传导散热，提高饲养温度。②由于粪尿、污水等随时通过网床漏到粪尿沟内，减少了仔猪接触粪尿等污物机会，使床面卫生干燥、清洁，能有效地防止仔猪下痢的发生和传播。③由于泌乳母猪饲养在网床上，并且被限位，减少了压、踩仔猪的机会。

能力转化

一、技能活动

1. 活动任务　仔猪开食、补料。

2. 材料　7、15 日龄仔猪、喂饲器或饲槽、自动饮水器或水槽、仔猪开食饲料。

3. 方法步骤

（1）开食。第 1 次训练仔猪吃料称为开食。一般在仔猪出生后 5～7 d 开始。先将仔猪饲槽或喂饲器搬到仔猪补饲栏内并打扫干净。投放 30～50 g 的仔猪开食料，然后把仔猪赶到补饲栏内。饲养员蹲下，用手抚摸、抓挠 1～2 头仔猪，待仔猪安稳后将仔猪料慢慢地塞到仔猪嘴里，每天训练 4～6 次（集中 1～2 头训练仔猪）。经过 3 d 左右的训练，仔猪便学会采食饲料，其他仔猪效仿学会采食饲料。生产上，多在开食前 2～3 d 固定抚摸、抓挠 1～2 头仔猪，每天 4～6 次，每次 5 min 左右，到开食当天一边抚摸抓挠，一边向仔猪嘴里塞料，训练 3 d 左右。

（2）补料。一般在仔猪 15～20 日龄时，每天给仔猪补料 6 次，开始每次 20～50 g/头。根据情况以不剩过多料为宜。所剩饲料不卫生时，应将剩料清除干净，喂给母猪，重新投料。

二、实训题

参观养猪场，观摩并练习哺乳仔猪开食、补料。

项目二 断奶仔猪的饲养管理

任务1 仔猪断奶

一、断奶条件

仔猪的断奶时间要根据仔猪消化系统成熟程度（吃料量、吃料效果）、仔猪免疫系统的成熟程度（发病情况）、保育舍环境条件、保育舍饲养员饲养断奶仔猪技术熟练程度等来确定。鉴于我国的猪舍环境条件、生猪价格、早期断奶仔猪料价格等实际情况，适宜的断奶时间为3～5周龄。仔猪培育技术不成熟或环境条件较差的猪场不得早于4周龄，但不能迟于6周龄。因我国的代乳品价格较高，猪舍环境条件不能满足仔猪生长发育要求，猪场仔猪管理水平较低等因素导致的过早断奶会增加饲养、环境控制等成本，同时仔猪育成率也无法保证。但过晚断奶会使母猪的年产仔窝数减少，相对增加母猪的饲养成本，降低养猪生产的整体效益（表6-1）。因此，应根据具体条件适时断奶。

表6-1 仔猪不同断奶日龄的经济效益

断奶日龄	哺乳期母猪饲料消耗（kg）	56日龄每头仔猪的饲料消耗（kg）	每头仔猪负担母猪的饲料消耗量（kg）	56日龄内仔猪增重（kg）	56日龄内仔猪料重比
28	125	16.80	11.36	13.34	2.11
35	164	14.90	14.91	12.85	2.32
50	239	11.70	21.73	12.98	2.58

二、断奶方法

1. 一次断奶法 指到了既定断奶日期，一次性地将母猪与仔猪分开，不再对仔猪进行哺乳。此方法适于工厂化猪场和规模化猪场，便于工艺流程实现全进全出，省工省事。但个别体质体况差的仔猪应激反应较大，可能影响其生长发育和育成。

2. 分批分期断奶法 根据一窝中仔猪生长发育情况，进行不同批次断奶。一般将体重大、体质好、采食能力较强的仔猪相对提前1周断奶。而体重小、体质弱、吃料有一定困难的仔猪相对延缓1周左右断奶。但在此期间内应加紧训练仔猪采食饲料能力，以免造成哺乳期过长，影响母猪的年产仔窝数。此方法适于分娩舍设施利用节律性不强的小规模猪场。

3. 逐渐断奶法　在预定断奶前2～3 d时，逐渐减少每天哺乳次数，实行母子分离→聚合→再分离→再聚合的循环，随着循环的增加，每次分离的时间越来越长，聚合的时间越来越短，直到母子完全分离。此法适用于规模小、饲养员劳动强度不大的猪场，饲养人员有充足的时间来控制母猪哺乳。

4. 仔猪早期断奶　一般仔猪在出生2～3周就断奶称为早期断奶。将断奶仔猪转群到卫生、干净、温湿度适宜，并且有良好隔离条件的保育舍进行养育。早期断奶的意义在于缩短母猪的繁殖周期，提高母猪的终生产仔数量。本方法适用于工厂化养猪。

（1）早期断奶仔猪的饲养。用于早期断奶法的仔猪饲料要求较高，应根据断奶仔猪的消化生理特点和生长发育规律进行配制。该饲料适口性好，容易消化，营养全面。一般可分为三阶段饲料，第一阶段用于开食和断奶后1周；第二阶段用于断奶后2～3周；第三阶段用于断奶后4～6周。第一阶段饲料，粗蛋白质20%～22%，赖氨酸1.38%，消化能15.40 MJ/kg；第二阶段饲料，粗蛋白质20%，赖氨酸1.35%，消化能15.02 MJ/kg；第三阶段饲料，粗蛋白质20%，赖氨酸1.15%，消化能14.56 MJ/kg。3个阶段饲料的主要蛋白质原料不同，美国研究者建议：第一阶段饲料必须使用血清粉、血浆粉和乳清粉；第二阶段不需要血清粉；第三阶段只需要少量乳清粉。

（2）早期断奶仔猪的管理。仔猪采用全进全出、彻底消毒制度，保育舍使用周期为4～6周。每个保育栏饲养仔猪10头左右，每个保育舍保育栏不超过10个；温湿度适宜，空气新鲜。隔离设施齐备，防疫消毒制度化，转群过程中，隔离环境条件较好，在断奶后30～60 h，必须想尽方法让断奶仔猪采食饲料；只要每头仔猪采食30 g饲料，其能量就可以使仔猪不感到饥饿。为了便于仔猪采食和消化吸收，所使用的饲料以颗粒料为好。为满足断奶仔猪一起采食的习性，必须有足够的采食空间，至少每4头有一个采食空间，其宽度为15 cm。从而增进仔猪食欲，带动所有的仔猪采食。断奶采食固体饲料时，必须保障供应卫生爽口的饮水。根据仔猪日龄、体重掌握好日喂量（表6-2）。

表6-2　根据断奶体重分阶段饲养程序不同日粮每天的饲料供给量（kg）

（引自赵德明、张仲秋、沈建中主译，《猪病学》，第8版，2000）

饲养阶段	断奶体重								
	3.6	4.1	4.6	5.1	5.6	6.1	6.6	7.1	7.6
早期断奶日粮	1.4	0.9	0.7	0.5	0.25	0.25	0	0	0
过渡期日粮	2.3	2.3	2.3	1.4	1.4	0.9	0.9	0.9	0.9
第二阶段	6.8	6.8	6.8	6.8	6.8	6.8	6.8	6.8	6.8
第三阶段	23.0	23.0	23.0	23.0	23.0	23.0	23.0	23.0	23.0

能力转化

一、填空题

1. 一般仔猪在出生________周就断奶称为早期断奶；本方法适用于________养猪形式。鉴于我国的实际情况，适宜的断奶时间为________周龄。

2. 用于早期断奶法的仔猪饲料，一般可分为三阶段饲料，第一阶段用于开食和断奶后________周，第二阶段用于断奶后________周，第三阶段用于断奶后________周。第一阶段饲料粗蛋白质________，赖氨酸________，消化能________MJ/kg；第二阶段饲料粗蛋白质________，赖氨酸________，消化能________MJ/kg；第三阶段饲料粗蛋白质________，赖氨酸________，消化能________MJ/kg。

二、简答题

1. 仔猪断奶常见的方法有哪几种，各有何利弊？

2. 仔猪早期断奶的意义是什么？如何做好其饲养管理工作？

任务2　断奶仔猪的饲养管理

知识储备

一、断奶仔猪的饲养

根据断奶仔猪的消化生理特点和营养需要，断奶仔猪饲料应容易消化吸收，营养平衡，适口性好。夏季天气较热，湿度较大，猪食欲下降，应增加饲料中各营养物质浓度保证断奶仔猪正常生长发育。冬季猪舍温度达不到25～22℃时也可以采取同样的方法。

仔猪的饲料类型最好是颗粒饲料，其次是生湿料或干粉料，不要喂熟粥料，防止食温掌握不好出现营养损失或造成口腔炎症、胃肠卡他等。断奶仔猪生长速度较快，所需营养物质较多，但其消化道容积有限，所以要求少喂勤喂，既保证生长发育所需营养物质，又不会因喂量过多胃肠排空加快而造成饲料浪费。在按顿饲喂时，体重20 kg以前每天喂6次为宜，20～35 kg每天喂4～5次效果较好，日喂量占体重6%左右；如果环境温度低，可在原日粮基础上增加10%给量。按顿饲喂的断奶仔猪应有足够的采食空间，每头仔猪所需饲槽位置宽15 cm左右，在采用自动食槽饲喂时，2～4头仔猪可共用一个采食位置。为了减少断奶仔猪消化不良引起的腹泻，断奶后第1周可实行限量饲喂，特别是最初的3～4 d尤为重要，限量程度为只给其日粮60%～70%。

为了保证饮水，断奶仔猪最好使用自动饮水器饮水，既卫生又方便，其水流量至少250 mL/min。饮水器灵活好用，每10～12头安装一个饮水器，其高度为30～35 cm。采用水槽饮水时，饮水槽内必须常备清洁卫生爽口的饮水，饮水不足会影响仔猪健康，影响其采食及生长速度。

二、断奶仔猪的管理

1. 合理组群　有条件的猪场，最好是将原窝断奶仔猪安排在同一保育栏内饲养，断奶后2周内不要轻易调群，防止增加应激反应。但国外早在20世纪70年代就实行全进全出集中饲养方式，现在我国一些规模化或集约化猪场也仿效实行，应用效果较好。保育栏必须有一定的面积供仔猪趴卧和活动，其面积一般为每头0.3 m^2 左右，密度过大，仔猪接触机会增多，易发生争斗咬架；密度过小，浪费空间。

2. 精心看护　断奶初期仔猪烦躁不安，有时争斗咬架，要格外注意看护，防止咬伤。特别是断奶后第1周咬架的发生率较高，在以后的饲养阶段因各种原因，如营养不平衡、饲养密度过大、空气不新鲜、食量不足、寒冷等也会出现争斗咬架、咬尾现象。生产实践中，断奶仔猪间自残咬架多发生在14：00以后。为了避免上述现象，除加强饲养管理外，可通过转移注意力的方法来减少争斗咬架和咬尾，可在圈栏内放置铁链或废弃轮胎供仔猪玩耍。但主要还应该注意看护，防止意外咬伤。

3. 加强环境控制　断奶仔猪在9周龄以前的舍内适宜温度为25～22℃，9周龄以后舍内温度控制在20℃左右。相对湿度为50%～70%。由于此阶段仔猪生长速度快，代谢旺盛，粪尿排出量较多，要及时清除，保持栏内卫生。仔猪断奶转到保育栏内后，还应调教仔猪定点排泄粪尿，便于卫生和管理，有益于猪群健康。断奶仔猪舍内应保持空气新鲜，否则会诱发呼吸道疾病，特别是接触性传染性胸膜肺炎和气喘病较为多见。北方冬季为了保温将圈舍封闭较严密，不注意通风换气，造成舍内氧气比例降低，而二氧化碳、氨气、硫化氢等有害气体浓度增加。所以应及时清除粪尿搞好舍内卫生，注意通风换气，防止有害气体影响猪群的健康和生长发育。通风换气时要控制好气流速度，漏缝地面系统的猪舍，当气流速度大于0.2 m/s时，会使断奶仔猪感到寒冷，相当于降温3℃。非漏缝地面猪舍气流速度为0.5 m/s时，相当于降温7℃，形成贼风。

在良好的饲养管理条件下，由断奶至9周龄保育结束育成率可达99%，生长速度600 g/d左右。断奶后，应激反应过后要进行驱虫和一些传染病疫苗的免疫接种。对于留做种用的育成猪要根据亲本资料结合本身体型外貌进行初选，淘汰不合格个体。

4. 预防水肿病　断奶仔猪由于断奶应激反应，消化道内环境发生改变，易引发水肿病，一般发病率为10%左右。主要表现脸或眼睑水肿、运动障碍和神经症状，一旦出现运动障碍和神经症状，治愈率较低，应引起充分注意。主要预防措施是减少应激，特别是断奶后1周内尽量避免更换饲料、去势、驱虫、免疫接种和调群。断奶前1周和断奶后1～2周，在其饲料中加喂抗生素和各种维生素及微量元素进行预防均有一定效果。

5. 减少断奶仔猪应激　仔猪在断奶后0.5～1.5周，会产生心理和身体各系统不适反应，即应激反应。应激大小和持续时间主要取决于仔猪断奶日龄和体重。断奶日龄大，体重大，体质好，应激就小，持续时间相对短；反之，断奶日龄较小，体重小，应激就大，持续时间相对长。仔猪断奶应激严重影响仔猪断奶后生长发育，主要表现为仔猪情绪不稳定、急躁、整天鸣叫、争斗咬架。食欲下降、消化不良、腹泻或便秘。体质变弱，被毛蓬乱无光泽，皮肤黏膜颜色变浅。生长缓慢或停滞，有的减重，有时继发其他疾病，形成僵猪或死亡，给养猪生产带来一定的经济损失。

产生应激的原因有以下3个方面，①营养。仔猪断奶应激首先是营养应激。断奶前仔猪哺乳和采食固体饲料，而断奶后单独采食固体饲料，一段时间内，从适口性和消化道消化能力上产生不适应。仔猪断奶后，由于应激反应，仔猪胃酸分泌减弱，胃内pH升高，影响了胃内消化功能。②心理。母仔分离、转群、混群可造成仔猪心理上不适应。③环境。仔猪断奶后转移到保育舍，保育舍内结构、设施及温湿度等均不同于分娩舍，从而产生一段时间内休息、活动不适应。

就目前生产条件，减少仔猪应激的方法主要有：①适时断奶。在仔猪免疫系统和消化系统基本成熟，体质健康时进行断奶，可以减少应激，如4周龄断奶比3周龄断奶更能抗应激。鉴于此种情况，建议4周龄断奶。②科学配合仔猪饲料。根据仔猪消化生理特点，结合其营养需要，配制出适于仔猪采食、消化吸收和生长发育所需要的饲料。仔猪早期饲料中的原料可选择易于仔猪消化吸收的血浆蛋白、血清蛋白及乳清粉或奶粉。通过添加诱食剂的方法解决适口性问题，选择与母猪乳汁气味相同的诱食剂。为了提高饲料中能量浓度，可向其饲料中添加3%～8%的动物脂肪，便于仔猪消化，有利于其生长发育，从而减少应激和提高免疫力。增加饲料中维生素A、维生素E、维生素C、B族维生素和矿物质元素钾、镁、硒的添加量。③减少争斗机会。仔猪断奶后最好在傍晚将原窝仔猪转移到同一保育栏内，减少争斗机会，并注意看护。④加强环境控制。保育舍要求安静舒适卫生，空气新鲜，并且有足够的趴卧和活动空间，一般每头断奶仔猪所需面积为0.3 m^2。过于拥挤导致争斗机会增加，从而增加应激。保育舍的温度要求依仔猪周龄而定，3周龄28～26℃，4周龄25～23℃。温度偏高，影响仔猪食欲和休息；温度过低，仔猪挤堆趴卧会造成底层仔猪空气流通不畅，并且增加体外寄生虫发生率。湿度控制在50%～70%，湿度过小，仔猪饮水增加，常引发腹泻，不利于舍内卫生，同时皮肤干燥瘙痒，常蹭摩，易造成皮肤损伤，增加病原微生物感染机会。湿度过大，有利于病原微生物的繁殖，易引发一些疾病。保育舍要经常通风换气，保持保育舍内空气新鲜，有足够氧气，减少其他有害气体含量。寒冷季节不要在舍内搞耗氧式的燃烧取暖，以免降低舍内氧气浓度，而使二氧化碳、一氧化碳浓度增加。通风换气时要注意空气流动速度，防止贼风吹入引起仔猪感冒，空气的流动速度控制在0.2 m/s以下。保育舍定期带猪消毒，防止发生传染病，舍内粪尿每天至少清除3次。舍内饮水器要便于仔猪饮用。⑤其他方面。仔猪断奶后1～2周，不要进行驱虫、免疫接种和去势；避免长途运输；最好使用断奶前饲料饲养1周左右，然后逐渐过渡到断奶后饲料。

6. 防止僵猪产生　僵猪是指由某种原因造成仔猪生长发育严重受阻的猪。它影响同期饲养的猪的整齐度，浪费人工和饲料，降低舍栏及设备利用率，增加了养猪生产成本。

（1）产生僵猪的原因。形成僵猪有两个主要时期多方面原因：

①出生前。

a. 主要由于妊娠母猪饲料配合不合理或者日粮喂量不当造成，特别是母猪饲料中能量浓度偏低或蛋白质水平过低，往往会造成胚胎生长受限，尤其是妊娠后期饲料质量不好或喂量偏低是造成仔猪初生重过小的主要原因。

b. 母猪的健康状况不佳，患有某些疾病导致母猪采食量下降或体力消耗过多而引起仔猪出生重降低。

c. 初配母猪年龄或体重偏小或者是近亲交配的后代，也会导致初生重偏小。

以上 3 种情况均会造成仔猪生活力差、生长速度缓慢。

②出生后。

a. 母猪泌乳性能降低或无奶，仔猪吃不饱，影响仔猪生长发育。造成母猪少奶或无奶的原因，主要是由于泌乳母猪饲料配合不当，或者日粮喂量有问题或者母猪年龄过小、过大造成乳腺系统发育不完善，妊娠母猪体况偏肥偏瘦，母猪产前患病等。

b. 仔猪开食晚影响仔猪采食消化固体饲料的能力，使母猪产后 3 周左右泌乳高峰过后，母乳营养与仔猪生长发育所需营养出现相对短缺，从而使得仔猪表现皮肤被毛粗糙，生长速度变慢。

c. 仔猪饲料质量不好，体现在营养含量低，消化吸收性差，适口性不好 3 个方面，这些因素均会影响仔猪生长期间所需营养的摄取，有时影响仔猪健康，引发腹泻等病。

d. 仔猪患病也会形成僵猪，有些急性传染病转归为慢性或者亚临床状态后会影响仔猪生长发育，有些寄生虫疾病一般情况下不危及生命，但它消耗体内营养，最终使仔猪生长受阻。有些消耗性疾病，如肿瘤、脓包，使仔猪消瘦减重。消化系统患有疾病，影响仔猪采食和消化吸收，使仔猪生长缓慢或减重。仔猪用药不当，有些药物治好疾病的同时，也带来一些副作用，导致免疫系统免疫功能下降，骨骼生长缓慢。如一些皮质激素、喹诺酮类药物的使用会使仔猪免疫功能降低，时间过长，会影响仔猪骨骼生长。其他一些药物有时也会造成消化道微生物菌群失调，引起消化功能紊乱，仔猪生长发育受阻。有时仔猪受到强烈的惊吓，导致生长激素分泌减少或停滞，从而影响生长。

（2）防止产生僵猪的措施。①做好选种选配工作。交配的公、母猪必须无亲缘关系。纯种生产要认真查看系谱，防止近亲繁殖。商品生产充分利用杂种优势进行配种繁殖。②科学饲养好妊娠母猪。保证母猪具有良好的产仔和泌乳体况，防止过肥过瘦影响将来泌乳，保证胎儿生长发育正常，特别是妊娠后期应增加其营养供给。提高仔猪初生重。③加强泌乳母猪饲养管理。本着“低妊娠、高泌乳”原则，供给泌乳母猪充足的营养，发挥其泌乳潜力，哺乳好仔猪。④对仔猪提早开食及时补料。供给适口性好，容易消化，营养价值高的仔猪料，保证仔猪生长所需的各种营养。⑤科学免疫接种和用药。根据传染病流行情况，做好传染病的预防工作，一旦仔猪发病应及时诊治，防止转归为慢性病。正确合理选择用药，防止仔猪产生用药副作用，影响生长。及时驱除体内外寄生虫，对已形成的僵猪要分析其产生的原因，然后采取一些补救措施进行精心饲养管理。生产实践中多通过增加可消化蛋白质、维生素的方法恢复其体质促进其生长，同时注意僵猪所居环境空气质量，有条件的厂家在非寒冷季节可将僵猪放养在舍外土地面栏内，效果较好。

7. 控制仔猪腹泻 腹泻是仔猪阶段常见病和多发病，轻者影响生长增重，重者继发其他疾病甚至引起死亡。仔猪腹泻分为病原性腹泻和非病原性腹泻。病原性腹泻将在猪病防治内容中详细介绍。

非病原性腹泻是由于断奶应激肠道损伤，使消化道酶水平和吸收能力降低，造成食物以腹泻形式排出。多发生于早期断奶最初几天或饲料更改后几天，此时腹泻症状如果不加以控制，可诱发大肠杆菌大量繁殖，使腹泻症状加剧。控制仔猪腹泻的主要方法：

（1）提早开食、大量补料。仔猪最初采食饲料的蛋白质水平和品质将影响其断奶后饲

料蛋白质水平和品质，因此，哺乳期提早开食，食入大量的饲料，促使肠道免疫系统产生免疫耐受力，免得断奶后对日粮蛋白质发生过敏反应。如果开食晚、补料少，就会造成仔猪免疫系统损伤，仔猪断奶后这种反应更加严重。因此，对 3 周龄以前准备断奶的仔猪，可以在 7 日龄进行强制开食，开食料要求适口性好，易于消化吸收。仔猪在断奶前采食尽可能多的饲料，使其肠道免疫系统产生免疫耐受力，从而减少断奶后仔猪腹泻。

（2）降低开食料蛋白质水平，添加氨基酸。日粮中蛋白质是主要抗原物质，降低饲料蛋白质水平可减轻肠道免疫反应，缓解和减轻仔猪断奶后的腹泻。仔猪开食料蛋白质水平高，可导致肠腺窝细胞增生，蔗糖酶活性下降，而饲喂低蛋白质水平饲料可以减轻上述情况。仔猪饲料中添加氨基酸，尤其是添加赖氨酸 0.1%～0.2%后，可以降低 2%～3%的蛋白质水平，从而达到降低抗原的目的，并且可提高增重和饲料转化率。实践证明，6～15 kg 仔猪蛋白质水平由 23%降至 20%，赖氨酸 1.25%时，仔猪腹泻明显减少。

（3）使用抗生素和益生素。仔猪饲料中添加抗生素，可以抑制和杀灭一些病原微生物，同时加速肠道免疫耐受过程，使进入肠道的抗原致敏剂量变成耐受剂量，减轻肠道损伤。添加益生素可以使肠道菌群平衡，抑制有害菌的生长繁殖，同样达到减轻腹泻的效果。

（4）增加仔猪饲料中粗纤维含量。这种做法可以降低断奶应激和避免仔猪在断奶时出现生产性能停滞期。控制仔猪腹泻，还要注意饲料的防腐防霉，保证饮水清洁卫生和环境卫生。大群腹泻时应及时诊治，以免错失治疗机会或引发其他疾病。

总之，控制仔猪腹泻应从饲料配合、饲喂技术、环境控制等方面着手，不要单一依赖药物控制仔猪腹泻。

三、仔猪选择（购）与运输

1. 健康仔猪体态和行为表现 健康仔猪被毛直而顺，皮肤光滑，白猪应是皮肤红晕，有色猪皮肤光亮，四肢站立正常，眼角无分泌物，对声音等刺激反应正常，抓捉时叫声清脆而洪亮。粪便不过干、不过稀，尿白色或略呈黄色。呼吸平稳，一般 16～30 次/min，心跳 80～100 次/min，体温 38～40℃，鼻突潮湿且较凉。

瘦肉型品种的仔猪四肢相对较高（皮特兰后代除外），躯干较长，后臀肌肉丰满，被毛较稀、腹较直。而脂肪型猪或肉脂兼用型猪躯干较短，臀部较小，四肢较短，腹较圆，被毛稍密，额部有皱褶，颈较短。

2. 选购途径 根据需要选购优质仔猪，在一窝中选择时，应选择体重偏大的为宜，其抗应激能力强，将来饲养效果较好。从健康角度着想应从正规猪场购入仔猪，最好是由一个猪场统一提供，在农贸市场或其他非正规养猪场家购买仔猪可能会买到病猪，将来生长可能较慢，对猪场造成疾病污染，给养猪生产带来健康隐患。

3. 装猪方法 首先用 3%～5%的来苏儿将车辆（船）和载猪栏进行喷雾消毒，然后将仔猪顺着装猪台的坡形道慢慢赶上车，按载猪栏单元预定装猪头数分别装满，关上单元门，以防止仔猪乱窜，造成密度不均、挤压仔猪致伤。禁止用棍棒、树枝、竹条、鞭子等驱赶器具用力抽打仔猪，也不能用脚踢踹仔猪，严禁用电驱赶棍驱赶仔猪，以免造成身体损伤。

猪场没有装猪台时，车上站一个人接猪，车下有几个人抓猪。抓猪时，人站在仔猪的左侧，用右手先抓住仔猪的右侧膝褶处，然后左手从仔猪左侧抓住其左前肢下部，将仔猪抱起来。接猪人用右手抓住仔猪右前肢肘关节下部，左手抓住仔猪的左后腿膝关节下部，将仔猪提起慢慢地放到载猪栏内，载猪栏上方要用网或金属栏罩上，防止仔猪跳出。

4. 运输　要由饲养技术人员押车或船护送，押车（船）人员应随身携带由当地动物检（防）疫部门开具的动物检（防）疫证明、车（船）消毒证明、无病源区证明等文件。装有仔猪的车（船）应缓慢起车，匀速行驶，不要过快，防止紧急刹车损伤仔猪肢蹄。遇到转弯时要提前缓慢减速，防止仔猪拥向一侧，影响整个车（船）体平衡引起侧翻事故。押车（船）人员应经常观察仔猪状态，发现异常及时调整。冬季运输仔猪，特别是遇有雨雪天气必须覆盖有遮挡雨雪的篷布，要留有充足的空间和排气孔及进气孔，防止窒息；夏季即使遇有雨天可不放挡雨篷布，防止闷热影响仔猪呼吸。天气过于干热可向栏底面洒凉水降温，运猪车（船）一经启动，应尽量减少停车次数和停车时间。长途运输超过 6 h 应停车（船），给仔猪饮水和简单的饲喂。到达目的地后将仔猪顺着装猪台或由人抓着将仔猪卸下，把仔猪赶进（抱到）事先消毒好的隔离舍内，饲养观察 4～8 周，确认无病后方可合群饲养。仔猪由于受运输疲劳、应激、晕车等作用会影响一定的采食量，应特别注意维生素、矿物质和水的供给。要注意饲养管理，预防诱发其他疾病，如因水肿病、感冒、饮水、饲料不适所引起的腹泻。

仔猪培育程序

初生（保温，吃初乳，固定乳头；防冻，防压，防病）→3 日龄（补铁、铜合剂，供给清洁饮水）→7 日龄（乳猪粒料诱食。7 日龄内断齿、断尾，阉割）→20 日龄（适应并开食）→30 日龄（抓好旺食期）→35 日龄（断奶，逐步改为仔猪料）→42 日龄（注射猪瘟疫苗）→50 日龄（注射仔猪副伤寒菌苗）→57～60 日龄（注射猪肺疫氢氧化铝菌苗）→67～69 日龄（注射猪丹毒弱毒菌苗）→70 日龄（转后备猪，转生长育肥期）。

能力转化

一、填空题

1. 仔猪的饲料类型最好是__________饲料，其次是________，不要喂熟粥料。

2. 在按顿饲喂仔猪时，体重 20 kg 以前日喂________次为宜，20～35 kg 日喂________次效果较好，日喂量占体重________左右；如果环境温度低，可在原日粮基础上

增加__________给量。

3. 断奶仔猪在9周龄以前的舍内适宜温度为________，9周龄以后舍内温度控制在________左右。相对湿度为__________。

4. 断奶仔猪易得水肿病，主要预防措施是________，特别是断奶后1周内尽量避免更换饲料、__________、__________、__________和__________。

5. 僵猪是指由某种原因造成仔猪生长发育严重__________的猪。

二、简答题

1. 简述减少仔猪应激的主要方法。

2. 简述防止产生僵猪的措施。

3. 简述控制仔猪非病原性腹泻的主要方法。

4. 简述仔猪培育程序。

项目三　后备猪的饲养管理

知识储备

一、后备猪饲养管理的意义

后备猪的饲养管理是指5月龄至初次配种前2周的饲养管理（体重60 kg左右开始到90 kg左右），此阶段饲养管理对后备猪的培育起着十分重要的作用，也将直接影响到将来种猪的体质健康、生产性能以及终生的繁殖性能。若将后备猪等同于生长肉猪饲养管理，结果导致体质较差、初次发情配种困难、泌乳力偏低等不良后果。

二、后备猪的饲养

后备猪生长速度过快会使其将来体质不结实，种用效果不理想，特别是后备母猪，会影响其终生的繁殖和泌乳，主要后果是后备母猪发情配种困难。应通过限量饲喂的方法来培育后备猪，控制其生长速度。我国瘦肉型后备猪饲养标准要求，每千克饲料中含有可消化能12.55～12.13 MJ，粗蛋白质水平16%～14%。美国NRC（1998）要求饲料中赖氨酸水平为0.76%～0.88%。钙0.95%，总磷0.80%。

如果蛋白质或氨基酸不足则会使后备猪肌肉生长受阻，脂肪沉积速度加快而导致身体偏肥，体质下降，影响将来繁殖生产。矿物质不足不仅影响骨骼生长发育，而且也会影响公母猪的性成熟及配种妊娠和产仔。后备公猪的蛋白质水平应比后备母猪高1～2个百分点。后备猪育成阶段日粮量占其体重的4%左右，70～80 kg以后占体重3%～3.5%，全期日增重控制在300～350 g。后备母猪在8月龄左右，体重控制在110 kg左右；后备公猪9～10月龄，体重控制在110～120 kg。

在培育后备猪过程中，为了锻炼其胃肠消化功能，增强适应性，可以使用一定数量的优质青绿饲料和粗饲料，特别是使用苜蓿草饲喂后备母猪，在以后的繁殖和泌乳等方面均会表现出优越性。要特别注意后备猪矿物质、维生素的供给，保证后备猪得到充分发育。后备猪饲料中钙、磷含量均应高于不做种猪用的生长猪，有利于将来繁殖。

三、后备猪的管理

1. 分群　后备猪育成阶段每栏可饲养8～10头，60 kg以后每栏饲养4～6头。饲槽要准备充足，以防个别胆小的后备猪抢不上槽，影响生长，降低全栏后备猪的整齐度。每栏的饲养密度不要过大，以防出现咬尾、咬耳、咬架等现象。后备公猪达到性成熟后，开

始爬跨其他公猪，造成栏内其他公猪也跟着骚动，影响采食和生长。

2. 运动 为了增强后备猪的体质，在培育过程中必须安排适量运动。有条件的猪场最好进行放牧，使后备猪充分接触土壤，春夏秋三季节放牧可让猪只采食青草野菜，补充体内营养。不能放牧的猪场可以进行场区内驱赶运动。驱赶运动时要求公母分开运动，后备公猪间应分开饲养和运动，防止相互爬跨和争斗咬架。既不能放牧又不能进行驱赶运动时，可以适当降低后备猪栏内密度，在栏内强迫其行走运动。

3. 调教 饲养员应经常接触后备猪，使得“人猪亲和”，为以后调教和使用打下基础。后备公猪5月龄以后每天可按摩睾丸10 min左右，配种使用前2周左右安排后备公猪进行观摩配种和采精训练；后备母猪后期认真记录好初次发情时间，以便于合理安排将来参加配种时间。

4. 定期称重 为了使后备猪稳步均匀地生长发育，后备猪应每月称重1次，检验饲养效果，及时调整饲料和日粮。

5. 其他方面 后备猪在配种前3～5月龄要进行驱虫和必要的免疫接种工作。

能力转化

一、填空题

1. 后备猪的饲养管理是指________月龄至________前2周的饲养管理（体重________kg左右开始到__________kg左右）。

2. 后备猪每栏可饲养__________头，60 kg以后每栏饲养__________头。

3. 后备公猪5月龄以后每天可进行__________10 min左右，配种使用前2周左右安排后备公猪进行________和__________训练。

二、简答题

1. 后备猪饲养管理的意义是什么？

2. 怎样才能饲养好后备猪？

3. 后备猪的管理要点有哪些？

第七单元

肉猪生产

【学习目标】

1. 熟悉肉猪生产前的准备工作，准确运用其中的技术。
2. 掌握肉猪生产的基本技术。
3. 正确认识无公害肉猪生产的意义，理解无公害肉猪和有机猪的概念，掌握无公害肉猪生产技术。
4. 了解现代养猪生产的特点，熟悉现代养猪生产的流程。
5. 理解发酵床养猪的基本原理，掌握发酵床养猪的猪舍设计及其注意事项。

项目一 肉猪生产前的准备

肉猪生产是养猪生产的最后一个环节，也是饲养数量最大的一类猪群。其主要目的是在较短的时间内耗用较少的人工，获得大量优质的猪肉。

任务1 圈舍的准备和消毒

知识储备

准备圈舍，首先需要确定肉猪的群体规模和饲养密度，然后，再根据肉猪的饲养数量和饲养密度确定所需要的圈舍数量，并对圈舍进行维修和严格的消毒后，才能用来肉猪生产。

一、饲养密度

肉猪的饲养密度，是指平均每头猪占用猪栏的面积（m^2），又称为占栏面积。适宜的饲养密度对于肉猪的增重、健康、饲料转化率以及猪群管理非常重要。在原窝培育的生长肥育猪群中，饲养密度过大是猪只出现咬尾、咬耳和咬架现象的主要原因。

肉猪的饲养密度大小与猪的年龄、圈舍地面形式和管理方式等因素有关。规模化、集约化猪场，因为环境条件和卫生防疫有较为可靠的保证，并需要尽最大的可能减少肉猪群的建筑和设备成本分摊，猪的饲养密度可以大些；而中小规模的猪场和养猪户，则因为建筑和设备相对较为简陋，饲养密度过大会对猪群的健康和生产水平有较为严重的影响，饲养密度应该稍小一些。

猪只的年龄越大，需要的占栏面积越大，生长前后期的饲养密度大小应该有所区别。

猪场圈舍的地面形式有两种，即水泥或混凝土实体地面和漏缝或半漏缝地板地面，通常后者的饲养密度要比前者大一些。

一般说来，生长肥育猪的饲养密度是每栏或每群8～12头，每头猪的占栏面积为0.5～1.0 m^2。“原窝培育”是肉猪群养的最好方式。所谓原窝培育是指将同一窝出生或同窝哺乳、保育的猪养在同一个圈（栏）内。

根据中、小型集约化养猪场建设标准和各地的实际情况，猪群饲养密度参考表7-1。

表 7-1 肉猪适宜饲养密度

肉猪体重阶段（kg）	每栏头数（头）	肉猪的占栏面积（m^2/头）	
		混凝土实体地面	漏缝地板地面
20～60	8～20	0.6～0.9	0.4～0.6
60～100（出栏）	8～20	0.8～1.2	0.8～1.0

二、圈舍的维修、清扫和消毒

猪舍的小气候环境条件，如舍内温度、湿度、通风、光照、噪声、有害气体、尘埃和微生物等都会严重影响肉猪的健康和生产力水平的发挥。猪的圈舍要求保温隔热，其温度、湿度条件应满足不同生理阶段需求，要求通风良好，空气中有毒有害气体和尘埃的含量应符合要求。圈舍内的生产设施应处于良好的工作状态，饲养人员及必要的生产工具和用品应全部准备好。

在圈舍使用之前，应首先检查圈舍的门窗、圈栏和圈门是否牢固，圈舍的地面、食槽、输水管路和饮水器是否完好无损，通风及其他相关设施能否正常工作等，并及时进行更换或维修；然后，对圈舍进行彻底清扫，包括地面、墙壁、围栏、排粪沟，特别要重视对圈舍天花板或圈梁、通风口的彻底清扫；最后，要对圈舍进行严格消毒后，才能投入使用。

圈舍消毒时，要选择对人和猪比较安全，没有残留和毒性，对设备没有损坏，不会在猪体内产生有害积累的消毒剂。消毒方法和步骤：先清除固体粪便和污物，用高压水冲洗围栏、地面和墙壁；然后，加强圈舍通风；干燥后，用甲醛熏蒸消毒，每立方米空间用36%～40%的甲醛溶液 42 mL、高锰酸钾 21 g，温度 21℃以上、相对湿度 70%以上，封闭熏蒸 24 h（请注意：熏蒸主要适于密闭猪舍，并要特别注意安全）；通风后，对地面和墙壁用 2%～3%的氢氧化钠水溶液喷雾，6 h后用高压水冲洗地面和墙壁残留的氢氧化钠；干燥后，调整圈舍温度达 15～22℃，然后即可转入肉猪饲养。

一、名词解释

饲养密度　原窝培育

二、问答题

1. 如何安排肉猪的饲养密度？
2. 在圈舍使用之前要做哪些项目的检查与维修？
3. 在圈舍使用之前的消毒方法和步骤。

三、实践操作

参观养猪场，并对使用前的肉猪舍进行消毒操作。

任务2 合理组群

知识储备

肉猪群饲不但能充分有效地利用圈舍的面积和生产设备，提高劳动生产率，降低肉猪生产成本，而且可以充分发挥和利用猪的合群性及采食竞争性的特点，促进猪的食欲，提高肉猪的增重效果。但群饲时，经常发生争食和咬架现象，既影响猪的采食和增重，又使群体的生长整齐度差、大小不均。因此，肉猪群饲时必须合理组群。

一、合理分群

肉猪分群时，应根据其来源、体重、体质、性情和采食特性等方面合理分群，在大规模集约化猪场，还应考虑猪的性别差异。一般情况下，群体内的个体体重差异不得超过3～5 kg。

为减轻猪群争斗、咬架等现象造成的应激，组群前要采取3项措施：①用带有气味的消毒剂对猪群进行喷雾消毒以混淆气味，消除猪只之间的敌意；②分群前停饲6～8 h，但在要转入的新圈舍食槽内撒放适量饲料，以使猪群转入后能够立即采食而放弃争斗；③在新圈舍内悬挂“铁环玩具”或播放音乐以转移其注意力。另外，群体大小应在“原窝培育”基本原则的基础上，每群以8～12头为宜。

二、及时调群

肉猪分群后，在短时间内会建立起较为明显的群体位次，此时要尽可能地保持群体的稳定。但是，经过一段时间的饲养后，特别是在生长期结束、体重达到60 kg左右时，应对猪群进行一次调整。

调群只适用于3种情形；①群内个体因增重速度不同而出现较明显的大小不均现象；②猪群因体重增加而出现过于拥挤的现象；③群内有的猪只因疾病或其他原因已被隔离或转出。调群时应采取“留弱不留强、拆多不拆少、夜合昼不合”的方法。

三、加强调教

肉猪在分群和调群后，要及时进行调教。调教的内容主要有两项。

1. 防止强夺弱食 在保证猪群有足够的采食槽位的基础上，防止强夺弱食，使群内每个个体都能充分采食。主要措施是分槽位采食和均匀投放饲料。

2. “三点定位” 训练猪的“三点定位”习惯，使猪在采食、休息和排泄时有固定的区域，并形成条件反射，以保持圈舍的清洁、卫生和干燥。“三点定位”训练的关键在于定点排泄，主要措施是在猪转入新圈舍前，在新圈舍内给猪提供一个阴暗潮湿或带有粪便气味的固定区域并加强调教。“三点定位”训练需3～5 d。

能力转化

1. 简述肉猪群饲的优点。
2. 肉猪组群前要采取哪几项措施？
3. 在何种情况下才能对肉猪进行调群？
4. 对肉猪调教的内容主要有哪些？

任务 3　驱虫、去势和免疫接种

知识储备

驱虫和免疫接种工作是保证肉猪在生长肥育阶段健康的基本措施。

一、驱虫

驱虫可以明显提高肉猪的增重速度和饲料转化率，提高肉猪生产的经济效益。

在猪的整个生长肥育期间，应重视驱除猪蛔虫、姜片吸虫、疥螨和猪虱等体内外寄生虫。通常需要进行 2～3 次驱虫，第 1 次在仔猪断奶后 1 周左右；第 2 次在生长肥育阶段、体重达 50～60 kg；必要时，可分别在仔猪断奶前或 135 日龄左右增加一次驱虫。

目前，高效、安全、广谱的抗寄生虫首选药物是伊维菌素或阿维菌素及其制剂，口服和注射均可，对猪的体内外寄生虫有较好的驱除效果。其皮下注射用量为每千克体重 0.3 mg，两次用药时间间隔 5 d；口服用量 20 mg/ kg，连喂 5～7 d。

二、去势

现代养猪生产不但要求商品猪增重快、饲料转化率高，同时也要求商品猪肉的肉质好。而作为商品猪饲养的小公猪以及种猪场不能做种用的小公猪，生长到一定的年龄和体重以后，一定要进行去势。否则，会因其特有雄烯酮、粪臭素等的存在，其肉有难闻的异味而影响口感。集约化猪场，一般只对小公猪去势而小母猪不去势。这是因为，目前所用品种及其杂交商品母猪在出栏上市前尚未达到性成熟，对增重和肉质不会产生影响。

小公猪的去势时间一般在生后 7 日龄内或断奶前的 10～15 日龄。对小公猪应该早去势，因为去势越早则产生的应激越小，并且出血少，操作简单，伤口愈合快，不容易感染。

三、免疫接种

商品仔猪在 70 日龄前必须完成各种疫苗的预防接种工作，而猪群转入生长肥育猪舍后，一直到出栏上市无须再接种疫苗，但应及时对猪群进行采血，检测猪体内的抗体水平，防止发生意外传染病。因此，在猪进入生长肥育期之前，必须制订合理的免疫程序，

认真做好预防接种工作，做到头头接种，防止漏免。

猪瘟是“百病之源”。一般猪场应分别在仔猪20日龄、55日龄进行两次接种，每次每头接种猪瘟弱毒苗2～4头份，其他疫苗的免疫接种要根据各地的实际情况进行，注意不能照搬现成的免疫程序。

有一些养猪场或养猪农户不是自繁自养，需要从外地购进仔猪进行肥育。对外购猪的处理以及免疫接种不合理，往往会给肉猪生产带来很大的隐患。

外购苗猪时，首先要注意3点：一是尽可能从非疫区选购苗猪；二是选购的苗猪要有免疫接种和场地检疫证明；三是采用“窝选”，即选购体重大、群体发育整齐的整窝断奶仔猪。规模化肉猪场外购仔猪时，还应监测以下疾病：口蹄疫、水疱病、猪瘟、蓝耳病、伪狂犬病、乙型脑炎、猪丹毒、布鲁氏菌病和结核病等。其次，购进外地仔猪后，要对外购猪隔离观察2～4周，应激期过后，根据本地区传染病流行情况进行一些传染病的免疫接种。

能力转化

1. 在猪生长肥育阶段怎样安排驱虫工作？
2. 对肉猪去势的意义与要求是什么？
3. 外购苗猪应注意哪些问题？

项目二 肉猪生产技术

以最低的生产成本、获得最多最好的肉猪产品，是肉猪生产的主要目的。而影响肉猪生产效率和产品品质的因素有很多，如猪种和类型、营养和饲料、性别和去势、仔猪初生重和断奶重、出栏时间、环境控制、饲喂技术等。

任务1 猪种选择与饲养

知识储备

一、猪种选择

不同品种猪的增重速度、饲料转化率和胴体品质有很大差异。一般说来，瘦肉型猪种比兼用型、脂肪型猪种和我国地方猪种的增重速度快、饲料转化率和瘦肉率高；而采用不同品种进行杂交，可以充分利用杂种优势，提高肉猪生产潜力。同样，配套系杂交猪比一般品种间杂种猪表现出更高的生产水平，并产生较高的经济效益。

在相同条件下，三元杂交猪比二元杂交猪的生长速度快 12.18%，每千克增重节省饲料 8.22%，胴体瘦肉率提高 10%，经济效益提高 16%。因此，自繁自养的一般规模化养猪场和养猪专业户，应利用引进猪种进行三元杂交，以三元杂种猪为主进行肉猪生产。

二、饲养技术

饲养技术水平的高低直接关系到商品肉猪的生长速度快慢、肥育期长短、饲料成本高低和胴体品质的优劣。这里主要介绍肉猪的肥育方法、饲喂方法、饲喂次数、喂量以及饮水等内容。

（一）确定适宜的饲料营养水平

饲料营养水平的高低可对肉猪的增重速度和胴体品质产生重要影响，特别是能量水平和蛋白质水平。

1. 能量水平 有试验结果表明，在自由采食的情况下，30～90 kg 的肉猪，平均每天采食配合饲料 2.7 kg，每千克饲料含消化能 12.55 MJ 时，增重速度较快，平均日增重可达 750 g；当限饲程度为自由采食量的 25%时，平均每天采食配合饲料 2.0～2.2 kg，每千克饲料含消化能为 12.55 MJ 时，猪的饲料消化率可提高 6.6%，猪的胴体瘦肉率也较高。

2. 蛋白质和氮基酸水平 根据我国的实际情况，育肥猪对粗蛋白质的要求标准：体重20～60 kg阶段为16%～17%；体重60～100 kg阶段为14%～16%。

蛋白质水平对肉猪的增重速度、饲料转化率和胴体品质的影响，不但在于数量，更重要的在于蛋白质的质量，即氨基酸的种类、含量和配比。猪需要的必需氨基酸有10种。其中，第一限制性氮基酸-赖氨酸，对猪的增重、饲料转化率和胴体瘦肉率的影响最大。为生长猪补充赖氨酸，可以提高猪的增重速度和胴体瘦肉率，而以赖氮酸占粗蛋白质6%～8%时的增重效果和胴体品质最好。

3. 矿物质、维生素和粗纤维水平 矿物质和维生素特别是微量元素，对肉猪的增重速度、饲料转化率和肉猪健康影响较大。

粗纤维含量是影响饲料适口性和消化率的主要因素。肉猪饲料中粗纤维含量的增加，可以降低饲料转化率和猪的增重速度，故应限制饲料中的粗纤维水平。研究表明，肉猪饲料中的粗纤维含量为5%～7%（最适6.5%）时，增重效果最好。在饲料消化能和蛋白质水平正常的情况下，体重20～35 kg阶段粗纤维含量为5%～6%，35～100 kg阶段为7%～8%，最高不超过9%。

（二）选择科学的肉猪肥育方式

不同的肉猪肥育方式对肉猪的增重速度、饲料转化率和胴体品质的影响很大。目前，应用最普遍的肉猪肥育方式是阶段肥育法。即根据生产和市场的需要，将肉猪的肥育期分为若干阶段，然后在不同的肥育阶段采用不同的饲料营养水平、饲喂方法和管理方法进行肉猪生产。该方法符合肉猪的生长发育规律，使养猪生产达到了生产周期短、增重速度快、胴体瘦肉率高和经济效益好的目的。

阶段肥育法，主要有两种肥育方案。

1. 两阶段肥育法 根据肉猪的生长发育规律，并主要兼顾到肉猪的增重速度、饲料转化率和胴体品质，中小规模的养猪场或养猪户可以选择应用两阶段肥育法。

该方法将肉猪的整个肥育期分为两个阶段，20～60 kg为肥育前期，60 kg以上为肥育后期。肥育前期采用高能高蛋白饲料，每千克饲料含消化能12.5～12.97 MJ，含粗蛋白质16%～17%，并实行自由采食或不限量饲喂；肥育后期，适当降低饲料中的能量和粗蛋白质水平，并实行限饲或限量饲喂，以减少肉猪体脂的沉积。

2. 三阶段肥育法 在较大规模的养猪场或集约化猪场，为了使肉猪的肥育过程更加科学、高效，通常在充分考虑肉猪在不同阶段的生长发育特点的前提下，将肉猪的整个肥育期分为3个阶段，20～35 kg为肥育前期，35～60 kg为肥育中期，60 kg以上为肥育后期。

（三）科学的饲喂技术

肉猪饲喂技术主要包括饲喂方法、饲喂次数和喂量等内容。

1. 肉猪的饲喂方法 常用的肉猪饲喂方法主要有自由采食和限饲两种方法，不同的饲喂方法可以得到不同的肥育效果。

（1）自由采食。即对猪的日粮采食量、饲料营养水平、饲喂时间和饮水等方面不加限制的饲喂方法。

该方法对一般猪群而言，通常在肉猪的生长肥育前期即 60 kg 前采用。而对三元杂交猪或杂优猪群，则可以从断奶后开始，一直到体重达到 110 kg 左右出栏上市为止，全期进行自由采食。

自由采食方法的最大特点是可以最大限度地提高肉猪的增重速度，而且效果非常明显。但猪的体脂沉积较多，饲料转化率降低。

（2）限饲。即指对一定生长阶段的肉猪，对采食量、饲料营养水平、饲喂时间和饮水等方面进行适当限制的饲喂方法。其中，限制肉猪的日粮采食量是最普遍而又最为简单易行的做法，故常将限饲称为限量饲喂。

限量饲喂，可以采用灵活多样的方式。如每天一次性投放 1 d 所规定日粮量；每天 2～3 次定时饲喂规定数量的日粮；每周连续 6 d 自由采食、1 d 停食，停食期间仅关闭自动饲槽而不停饮水等。要注意，无论采用何种限量饲喂方式，关键是限饲的幅度或程度。

一般情况下，限量饲喂下的日粮给量应为自由采食量的 75%～80%，过多限饲会影响猪的增重，而限饲不足又不能起到限饲的作用。

限量饲喂可以明显减少肉猪体脂肪的沉积，并可提高饲料转化率，但会降低肉猪的日增重。

2. 合理确定饲喂次数和喂量　饲喂次数和喂量应该根据饲料类型、肥育阶段和饲喂方式以及猪的食欲变化情况等合理安排。在使用湿拌料或者青粗料比例较大、处于小猪阶段等情况下，可以增加饲喂次数，每天 4～5 次。猪的食欲在傍晚最旺盛，清晨次之，中午最差，故可以延长中午的饲喂时间间隔或者分别在清晨和傍晚喂 2 次。在日本，通常每天分 3～4 次喂给配合饲料，并且每次使猪在 10 min 左右吃完。在我国广大农村，分顿定时饲喂是较为普遍的饲喂方法，而且饲喂次数和喂量并无固定标准。吉林、四川、江苏等地的肉猪日喂量见表 7-2。

表 7-2　肉猪日喂量及预期日增重

体重阶段（kg）	日喂混合精料（kg）	日喂青粗料（kg）	预期日增重（g）
20～35	1.28	0.8	455
35～60	1.99	1.41	552
60～90	2.60	2.35	612

选择颗粒饲料或干粉饲料自由采食时，不存在饲喂次数和喂量问题，而只有在限饲的情况下才需要设计肉猪的每日饲喂量和饲喂次数。

（四）充足供应清洁饮水

肉猪的饮水量因其生理状态、环境温度、体重、饲料类型和采食量等因素而不同。一般情况下的饮水量为风干料采食量的 3～4 倍或其体重的 16%，环境温度高时饮水量增大，而温度低时饮水量减少。为满足肉猪的饮水需要，应在圈栏内设置自动饮水器，自动饮水器的高度应为猪肩高+5 cm，保证肉猪经常能够饮到清洁、卫生、爽口的饮水。

能力转化

一、填空题

1. 瘦肉型猪种比________、________和我国________的增重速度快、饲料转化率和瘦肉率高；而采用不同品种进行杂交，可以充分利用________，提高肉猪生产潜力。

2. 猪需要的必需氨基酸有________种，其中________为第一限制性氨基酸。

3. 肉猪饲料中的粗纤维含量为________、最适________时，增重效果最好。

4. 猪的食欲在傍晚________，清晨________，中午最差。

二、问答题

1. 肉猪肥育的方式有哪几种？

2. 常用的肉猪饲喂方法主要有哪些？

3. 如何确定肉猪的饲喂次数和喂量？

任务2　环境控制与适时出栏

知识储备

一、环境控制

肉猪的环境是指猪的内环境和外环境。猪的内环境由生物环境和非生物环境组成，其中生物环境包括猪体内的寄生虫和微生物；非生物环境包括猪的体温、pH、体组织成分和体液渗透压等。猪的外环境由自然环境和人为环境组成，其中自然环境包括空气、土壤、水等非生物环境以及生物环境等；人为环境则主要包括猪舍、设施、管理、选种、饲养等养猪生产各种环境因素。

正常情况下，猪的内环境是保持相对平衡的，而猪的外环境却处于不断地变化之中。当外环境变化时，猪的内环境会依靠自身内部的调节机能而保持相对稳定。但是，机体内部的这种调节能力是有一定限度的。当外环境变化较为剧烈而超出了机体的调节能力时，则机体的内环境的稳定性就会被打破，猪的健康、繁殖、生产力和胴体品质就会受到很大的影响，严重时可导致猪的死亡。

对肉猪的环境控制，就是通过人为的方法，尽量保持肉猪外环境的稳定性，防止或减轻应激发生而提高肉猪生产水平和养猪经济效益的过程。其主要包括以下几个方面。

（一）提供适宜的猪舍小气候环境条件

猪舍小气候环境主要包括温度、湿度、通风、光照、噪声、有害气体和尘埃等。

1. 温度和湿度　是肉猪最主要的小气候环境条件，可以直接影响猪的增重速度和饲料转化率。

“小猪怕冷、大猪怕热”是猪对于环境温度要求的一般规律，只有在适宜的环境温度下，肉猪的生长速度才最快，饲料转化率才最高。研究证实，保持适宜温度 20℃左右、相对湿度为 50%～70%，可以获得较高的肉猪日增重和饲料转化率。

肉猪生产切忌低温高湿和高温高湿的环境。低温高湿环境可以降低肉猪增重、增加肉猪单位增重的耗料量；而高温高湿环境则不但能降低肉猪增重，而且能使肉猪的发病率和死亡率提高。调节猪舍环境温度的方法多种多样，而降低肉猪圈舍湿度的最好方法是采用漏缝或半漏缝地板地面，并加强通风换气。

2. 光照　适度的光照能够促进肉猪的新陈代谢，提高肉猪的增重速度和胴体瘦肉率，增强猪的抗应激能力和抗病力。所以，有条件的肉猪饲养场，应该将猪舍的光照度从 10 lx提高到 40 lx 以上，同时将猪舍的光照时间从 6～8 h 延长到 10～14 h。但光照过强也是不利的，可以导致咬尾。

3. 通风和噪声　通风，不但与肉猪增重和饲料转化率有关，而且也与肉猪的健康关系密切。猪舍的通风以纵向自然通风辅以机械通风为宜。在猪舍自然通风设计时要注意，猪舍门窗并不能完全替代通风孔或通风道，欲保证通风效果，必须设计猪舍的进风孔和出气孔。

噪声，可以直接导致猪群应激的发生。肥育期间，肉猪舍要尽量保持安静，生产区内严禁机动车通行和大噪声机械操作。

4. 有害气体和尘埃　肉猪的采食、排泄、活动以及通风、饲养管理操作等，都会在猪舍内产生大量的有害气体和尘埃。有害气体主要包括氨气、硫化氢和二氧化碳。肉猪舍内有害气体和尘埃的大量存在，可以降低猪体的抵抗力，增加猪体感染疾病的机会（如皮肤病和呼吸道疾病等）。故实际生产中应尽可能地减少猪舍内有害气体和尘埃的数量。

减少肉猪舍有害气体和尘埃的主要方法：加强通风换气；及时清除粪尿废水；确定合理的饲养密度；保持猪舍一定的湿度和建立有效的喷雾消毒制度等。

一般要求，肉猪舍内氨气的体积浓度不得超过 0.003%，硫化氢的体积浓度不得超过 0.001 %，二氧化碳的体积浓度不得超过 0.15%。

（二）重视肉猪圈舍的清洁卫生

圈舍的清洁卫生对肉猪的生长和健康产生一定的影响，也是较为重要的环境条之一。保持圈舍的清洁卫生，不但要通过勤打扫、勤冲刷和勤通风保持圈舍清洁干燥、无粪尿，而且还要减少或避免猪舍内有害气体和尘埃的积聚，更重要的是要减少舍内的微生物数量，特别是病原微生物的数量。

减少和消灭猪舍内病原微生物的主要方法是对肉猪舍定期进行消毒，应每周进行 1 次。可选用对猪的皮肤和黏膜刺激性较小的消毒剂，如季铵盐类和高压喷雾消毒器械，特别要重视对墙壁、窗户和天花板的消毒。

（三）确定合理的饲养密度和管理方式

肉猪的饲养密度大小可直接导致猪舍温度、湿度、通风等环境条件的变化，同时对猪的采食、饮水、粪尿排泄、活动休息和圈舍卫生等方面产生重要影响。每头猪占栏面积标准：实体地面或水泥混凝土地面的圈舍 0.8～1.2 m^2，漏缝地板地面的圈舍 0.5～1.0 m^2。

在肉猪群养时，采取“原窝培育”是最好的方式。

二、适时出栏

肉猪的适宜出栏体重和时间，既取决于市场对猪的胴体品质的要求，也要权衡综合经济效益。

根据肉猪的生长发育规律，猪的体重越小，饲料转化率越高，随着体重的增长，单位增重的耗料量逐渐增多；肉猪的增重速度，在肥育的早期往往随着体重的增加而逐渐加快，但随着肉猪体重的增大，增重速度、饲料转化率和胴体瘦肉率逐渐降低，而单位增重的耗料量、屠宰率和胴体脂肪含量则逐渐增高（表 7－3、表 7－4）。

表 7－3　肉猪不同体重时的增重速度和饲料消耗

活重（kg）	增重速度（g/d）	日耗料（kg/头）	单位增重耗料（kg）
10.0	383	0.95	2.50
22.5	544	1.45	2.61
15.0	762	2.40	3.30
67.5	816	3.00	3.78
90.0	839	3.50	4.17
110.0	813	3.75	4.61

表 7－4　北京黑猪不同体重的屠宰测定结果

活重（kg）	屠宰率（%）	膘厚（cm）	瘦肉率（%）	脂肪率（%）	皮（%）	骨（%）
70	69.99	2.84	55.66	26.32	7.41	10.48
80	71.63	3.21	53.73	29.08	7.10	9.89
90	72.41	3.50	51.48	32.31	6.60	9.57
90 以上	74.00	4.10	49.29	36.5	7.85	8.34

当然，猪的体重较小时，虽然饲料转化率和胴体瘦肉率较高，但屠宰率和产肉量较低，经济效益较差。

肉猪出栏体重标准：二元商品杂交猪为 85～95 kg，三元商品杂交猪为 95～105 kg，配套系杂优猪为 115～120 kg。

能力转化

一、填空题

1. 肉猪出栏体重标准：二元商品杂交猪为__________ kg，三元商品杂交猪为__________ kg，配套系杂优猪为__________ kg。

2. 肉猪的饲养密度，每头猪占栏面积标准：实体地面或水泥混凝土地面的圈舍__________ m^2，漏缝地板地面的圈舍__________ m^2。

二、试述题

提供适宜的猪舍小气候环境条件。

第八单元

常见猪病的防控

项目一　猪传染病的防控
项目二　常见流行病的防控
项目三　常见普通病的防治

【学习目标】

1. 充分认识预防猪传染病的重要意义，掌握预防猪传染病的方法。
2. 了解猪常见流行病的种类，能够诊断、治疗流行而且对养猪业危害很大的猪传染病。
3. 了解常见普通病的种类，掌握诊断、治疗普通病的方法。

项目一 猪传染病的防控

现代规模化养猪是养猪的发展方向。其特点是规模大、数量多、饲养密集、周转快、与市场交往频繁、生产工艺先进及具有完整的养猪技术，因此建立现代的兽医防疫体系，防止疫病发生是十分重要的。这一体系主要包括隔离、消毒、杀虫灭鼠、免疫接种、药物预防、驱虫、诊断与检疫、疾病治疗及疫病扑灭等基本内容。

任务1 检疫与消毒

一、检疫与种群净化

猪传染病的流行包括传染源、传播途径、易感猪群3个基本环节。能够避免病原体进入猪场（上策）；坚持日常消毒，消灭环境中的病原体和增强猪的抵抗力（中策）；一旦传染病发生再行诊断、扑灭（下策）。做好检疫，避免引进带有病原微生物的猪，搞好种群净化都是消灭传染源的有效措施，是猪传染病防制的重中之重。

（一）检疫

应用各种诊断方法，定期或不定期地对猪群进行疫病检测，有针对性地采取有效措施，防止疫病的发生和传播。

1. 如果我们要从某猪场购猪，应该派专人到该地区该场了解疫情。可通过询问当地兽医，查询该场生产诊疗记录，免疫情况等途径进行了解。

2. 对预选猪进行检疫，一定要检疫口蹄疫、猪瘟、伪狂犬病、猪繁殖与呼吸障碍综合征等疫病。同时，还要参照对该地区、该猪场的调查情况进行重点检疫。阴性者方可作为选购对象。

3. 如果从国外引种应委托国家动检部门依《动物检疫操作规程》进行检疫。检疫阴性者方可选购。

4. 所购猪必须隔离饲养，停喂药物添加剂，进行驱虫和必要的免疫接种，经过1个月以后，再次检疫阴性方可正式入场。

5. 无论怎样检疫，都是在一定程度上起到预防的作用，总有一些疫病因各种原因而漏检。因此提倡自繁自养。引进种猪时在满足遗传需要的前提下尽可能避免从多家猪场引种。

（二）种群净化

既然检疫不能保证彻底根除疫病，那么我们对已经进入本场的疫病进行控制和消灭，逐步达到净化目的。具体措施是用疫苗接种结合血清学检测，淘汰病毒感染者和接种疫苗后不产生免疫应答及抗体水平过低者。

二、消毒

消毒的目的在于消灭被传染源散布在外界环境中的病原体，切断传染病的传播途径，防止传染病的发生和流行，是综合性防疫措施中最常采用的重要措施之一。

（一）消毒的种类

根据消毒的目的，消毒可分为：

1. 预防性消毒　结合平时的饲养管理，对生产区和猪群进行定期消毒，以达到预防一般传染病的目的。这一经常性的工作主要包括日常对猪群及其生活环境的消毒，定期向消毒池内投放药物，对进入生产区的人员车辆消毒等。

2. 紧急消毒　是在猪群发生传染病时，为了及时消灭刚从病猪体内排出的病原体而采取的消毒措施。主要包括对病猪所在栏舍、隔离场地以及被病猪分泌物、排泄物污染和可能污染的场所及用具的消毒。

3. 终末消毒　传染病发生后病猪痊愈或死亡，在解除封锁之前为了消灭猪场内可能残留的病原体所进行的全面彻底地大规模消毒。

（二）消毒方法

1. 机械清除法　用机械的方法，如清扫、洗刷、通风等清除病原体是最简单常用的方法。通过对猪舍地面的清扫、洗刷可以清除粪便、垫草、饲料残渣等，随着这些污物清除，大量的病原体也被清除。虽然机械清扫不能达到彻底消毒的目的，但也为其他消毒方法打下基础。清扫出来的污物，可根据病原体的性质采取堆积发酵、掩埋、焚烧等处理。

2. 物理消毒法

（1）阳光、紫外线和干燥。阳光是天然的消毒剂，其光谱中的紫外线有较强的杀菌能力，阳光照射引起的干燥和热也有杀菌作用。消毒用紫外线灯要求为 220 V，辐射 253.7 nm。紫外线的强度不低于 $70\mu W/cm^2$。实际使用时应注意，首先是它只能对表面清洁的物品消毒，物品表面的尘埃能吸收紫外线影响效果，空气中的灰尘也可吸收紫外线影响消毒，所以用紫外线消毒时，室内必须清洁。紫外线的杀菌作用还受可见光的影响。细菌受致死量的紫外线照射后，3 h 内若再用可见光照射，部分细菌可以复活，因此，要求紫外线消毒室密闭无阳光照入。另外，紫外线对人有一定危害。所以紫外线灯一般限于实验室、更衣室等应用。

（2）高温火焰烧灼。本法只适用非易燃物品及猪舍地面、墙壁。在发生病原体抵抗力强的传染病时，可以用本法处理污染场所、污染物及尸体。另外，对一些耐湿物品可以用煮沸或蒸汽消毒法消毒。

3. 化学消毒法 在猪场防疫中，常用化学药品进行消毒。

（1）化学消毒剂的选择。选择化学消毒剂时，应考虑对人畜毒性小、广谱高效、不损害被消毒的物体、易溶于水、在消毒的环境中稳定、不易失去消毒作用、价格低廉、使用方便。

（2）几类常用的消毒剂。

①含氯消毒剂。价格便宜，并且对病毒、细菌的繁殖体、芽孢、真菌均有良好的杀灭作用，在酸性环境中作用更强。缺点是稳定性差。常用的药物有：二氯异氰尿酸钠、三氯异氰尿酸钠、漂白粉等。

②氧化剂。包括过氧化氢、过氧乙酸、高锰酸钾等。其中，过氧乙酸常用于环境消毒，其特点是作用迅速、高效、广谱。对细菌的繁殖体、芽孢、真菌和病毒均有良效。可用于消毒除金属和橡胶外的各种物品。市售成品有40%水溶液，须密闭避光存放在低温处，有效期半年。低浓度水溶液易分解，应随用随配。本品具有腐蚀性，刺激皮肤黏膜，分解产物是无毒的。

③季铵盐类。现在常用的是双链季铵盐类，消毒效果优于单链季铵盐类。这类消毒剂的优点是毒性低、无腐蚀性、性质稳定、能长期保存。缺点是对病毒效果差。

④碱类消毒剂。常用1%～2%氢氧化钠的热水溶液。它的消毒作用非常可靠，对细菌、病毒均有强效。本品缺点是有腐蚀性，对金属物品消毒完毕要冲洗干净。猪舍消毒6 h后，应以清水冲洗，才能放猪进舍。石灰乳也是常用消毒剂，它是生石灰加水配制成10%～20%混悬液用于消毒，消毒作用强，但对芽孢无效。石灰乳吸收二氧化碳变成碳酸钙则失去作用，所以随时配制随时用。直接将生石灰洒在干燥的地面上不起作用。

⑤酚类消毒剂。优点是性质稳定、成本低廉、腐蚀性小。缺点是对病毒效果差。常用消毒剂有来苏儿、复合酚（菌毒敌）。

⑥醛类。常用的有甲醛、戊二醛。消毒效果良好，对芽孢杀灭能力强，常见的病毒细菌均对其敏感。戊二醛杀菌强于甲醛。甲醛常用于熏蒸消毒。湿度对气体消毒剂影响大，用甲醛气体消毒时，湿度60%～80%为宜。

4. 生物热消毒 生物热消毒法用于污染粪便的无害处理。采取堆积发酵等方法，可使其温度达到70℃以上。经过一段时间，可杀死芽孢以外的病原体。

消毒的设施和设备：消毒设施，主要包括猪场和生产区大门的消毒池，猪舍门口的消毒池，人员进入生产区的更衣室等。消毒池内用稳定性好的消毒剂，如酚类。更衣室工作服消毒用紫外线。常用设备，喷雾器、高压清洗机、火焰消毒器等。

（三）消毒过程和要点

1. 消毒程序 根据消毒种类、对象、方法等将多种消毒方法科学合理地加以组合而进行的消毒过程称为消毒程序。例如，空栏时猪舍的消毒程序可按以下步骤进行：

（1）清扫。彻底清除舍内粪便垃圾，可在清扫前喷一些消毒剂，减少粉尘，避免工作人员吸入病原体。

（2）清洗。对设备、墙壁、地面进行彻底清洗，除去其表面附着的有机物，为化学消毒打好基础。

（3）化学消毒。建议空舍使用2种或3种不同类型消毒剂进行2次或3次消毒。例如，第1次用氢氧化钠，第2次用季铵盐类，第3次用甲醛熏蒸。或第1次用过氧乙酸，间隔5～7 d，第2次用氢氧化钠，第3次用甲醛熏蒸。

2. 消毒要点

（1）消毒药浓度要适当，遵循效果、成本、安全的原则。

（2）要有足够量的消毒药液，使之与病原体充分接触而发挥其作用，反之就达不到消毒效果。美国农业部规定，1 L消毒药液消毒面积2.6～3.9 m^2。

（3）清洗一定要彻底。有机物的存在影响消毒效果。

（4）冬季消毒药液冻结影响消毒效果。

三、灭虫灭鼠

蚊蝇等节肢动物是猪传染病的重要传播媒介，因此杀灭这些媒介昆虫有重要意义。常用杀虫方法可分为物理学、化学和生物学方法。

物理方法：除拍打、捕捉等外，电子灭蝇灯有一定的应用价值。化学方法：可以使用有机磷杀虫剂和拟除虫菊脂类杀虫剂。可以使用蝇蛆净（环丙氨嗪）拌料以消灭苍蝇。生物学方法：关键是搞好环境卫生，做好粪便堆积封存。

鼠既偷食饲料又可以传播口蹄疫、伪狂犬病等多种传染病。灭鼠方法大致可分为器械灭鼠和药物灭鼠。一般猪场多用药物灭鼠，在鼠常出没处撒布毒饵。或将杀鼠灵注入鼠穴，杀灭野鼠，破坏其生存环境。

能力转化

一、填空题

1. 猪传染病的流行包括__________、__________、__________3个基本环节。能够避免__________进入猪场（上策）；坚持日常消毒，消灭环境中的__________和__________（中策）；一旦传染病发生再行__________（下策）。做好检疫，避免引进__________的猪，搞好种群__________都是消灭__________的有效措施，是猪传染病__________重中之重。

2. 消毒的目的在于消灭被传染源散布在外界环境中的__________，切断传染病的__________，防止传染病的__________和__________，是综合性防疫措施中最常采用的重要措施之一。

二、问答题

1. 根据消毒的目的，消毒可分为哪几种？

2. 常用的消毒剂有哪几类？

3. 简述消毒过程和要点。

任务2 免疫接种与药物预防

知识储备

一、免疫接种

免疫接种是通过给猪接种疫苗、菌苗、类毒素等生物制剂做其抗原物质，从而激发猪产生特异性抵抗力，使易感猪转化为非易感猪的一种手段。有组织有计划地进行免疫接种是预防和控制猪传染病的重要措施之一。对于一些病毒性传染病的预防性免疫接种更为重要。根据免疫接种时机的不同，分为预防接种和紧急接种两大类。

（一）预防接种

在经常发生某种传染病的地区，或有某些传染病潜在的地区，或受到邻近地区某些传染病经常威胁的地区，为了防患于未然，在平时有计划地给健康猪群进行的免疫接种称为预防接种。预防接种通常使用疫苗，可采取注射、口服、喷鼻等不同接种途径。接种疫苗后经一定时间，可产生免疫力；可通过重复接种强化免疫力和延长免疫保护期。在预防接种时应该注意以下问题：

1. 预防接种要根据猪群中所存在的疾病和所面临的威胁来确定接种何种疫苗，制订免疫接种计划。对于从来没有发生过的、也没有可能从别处传来的传染病，就没有必要进行该病的预防接种。从外地引进的猪要及时进行补种。

2. 在预防接种前，应全面了解猪群情况，如猪的年龄、健康状况、是否处在妊娠期等。如果年龄不适宜、有慢性病、正在妊娠期等最好暂时不要接种，以免引起猪的死亡、流产等，或者产生不理想的免疫应答。

3. 如果当地某种疫病正在流行，则首先安排对该病的紧急接种。如无特殊疫病流行则应按计划进行预防接种。

4. 如果同时接种两种以上的疫苗，要考虑疫苗间的相互影响。如果疫苗间在引起免疫反应时互不干扰或互相促进可以同时接种，如果相互抑制就不可以同时接种。

5. 制订合理的免疫程序。猪场需要使用多种疫苗来预防不同的传染病，也需要根据各种疫苗的免疫特性来制订合理的预防接种次数和间隔时间，这就是所谓的免疫程序。例如，猪瘟，母猪在配种前接种猪瘟疫苗，所产仔猪由于从初乳获得母源抗体，在20日龄以前对猪瘟有坚强免疫力，30日龄后母源抗体急剧下降，40日龄几近消失。哺乳仔猪在吃初乳前2 h或20日龄首免猪瘟苗，60日龄左右进行第2次免疫。免疫程序的制订，要切合本场实际，最好依据免疫监测结果制订。

6. 重视免疫监测，正确评估猪群的免疫状态，为制订合理的免疫程序做好准备。清除在进行免疫接种后不产生抗体的有免疫耐受现象的猪，以及其他一些不能使抗体上升到保护水平的猪。

7. 其他影响免疫效果的因素。

(1) 机体因素。不同品种，甚至同一品种不同个体猪对同一疫苗的免疫反应强弱也有差异。

(2) 营养因素。维生素、微量元素及蛋白质的缺乏会使猪的免疫功能下降。

(3) 环境因素。猪舍的温度、湿度、通风以及消毒情况都会影响猪的免疫功能；高密度饲养，猪经常处于应激状态可造成猪的免疫功能下降。

(4) 疫苗方面。包括疫苗的质量以及血清型等。保存运输不当会使疫苗质量下降甚至失效。有些病原微生物含有多个血清型，而不同血清型之间缺乏交叉免疫。

(5) 药物影响。在使用活菌苗时，猪群在接种前后几天内使用了地塞米松等糖皮质激素、抗菌药物，都可影响免疫效果。

8. 注意预防接种反应。生物制品对机体来说都是异物，经接种后总会有一个反应过程，不过反应的性质和强度有所不同。在预防接种中成为问题的不是所有反应，而是指不应有的不良反应或剧烈反应。不良反应指的是经预防接种后引起了持久的或不可逆的组织器官损害或功能障碍而致的后遗症。反应类型可分为：

(1) 正常反应。指由于制品本身的特性而引起的反应，其性质与反应强度随制品而异。例如，某些活疫苗接种后实际是一次轻度感染，会发生某种局部反应或全身反应。

(2) 严重反应。与正常反应在性质上没有区别，但程度较重或发生反应的动物超过正常比例。引起反应的原因包括：某一批生物制品质量差，或使用方法不当。如接种量过大、接种途径错误等。个别动物对某种生物制品过敏，这类反应通过严格控制生物制品质量和遵照使用说明书可以减少到最低限度，只有在个别敏感的动物才会发生。

(3) 合并症。是指与正常反应性质不同的反应。主要包括过敏反应，扩散为全身感染和诱发潜伏感染。

(二) 紧急接种

紧急接种是在发生传染病时，为了迅速扑灭和控制疫病的流行，而对疫区和受威胁区尚未发病的猪进行的应急性免疫接种。使用一些疫苗作紧急接种是可以的，例如，发生猪瘟时用猪瘟疫苗紧急接种。在紧急接种时，应注意猪的健康状况。对于病猪或受感染猪接种疫苗可能会加快发病。由于貌似健康的猪群中可能混有处于潜伏期的猪，因而对外表正常的猪群进行紧急接种后一段时间内可能出现发病增加，但由于急性传染病潜伏期短，接种疫苗又很快产生免疫力。所以发病率不久即可下降，最终使流行平息。

二、药物预防

猪场传染病种类很多，其中有些病已研制出有效疫苗，还有一些病目前尚无疫苗，或有些病虽有疫苗但实际应用有局限性。因此，在实际生产中除了做好检疫、消毒、免疫接种等工作外，药物预防也是必不可少的一项措施。

依据传染病流行规律或临诊结果，有针对性地选择药物，适时进行预防和治疗。预防所用药物要有计划地轮换使用，防止耐药菌株出现，经常进行药物敏感试验，选择敏感药物，投药时剂量要足，疗程要够，混饲时一定要混合均匀，同时应严把药物的休药期，防止药物残留对人类造成不良影响。

三、猪传染病的扑灭措施

一旦发生传染病应立即采取以下措施：

1. 发生疑似重要传染病立即向有关部门报告疫情。

2. 在做出诊断之前，果断的隔离病猪并紧急消毒，封锁猪场。

3. 迅速做出诊断，在有关部门配合下，进行流行病学诊断、临床诊断、病理学诊断、病原学诊断、血清学诊断。

4. 在确诊的基础上进行紧急接种、治疗。

5. 无害化处理病、死猪。

能力转化

一、填空题

1. 根据免疫接种时机的不同，分为________接种和________接种两大类。

2. 预防接种通常使用疫苗，可采取________、________、________等不同接种途径。接种疫苗后经一定时间，可产生免疫力；可通过重复接种________和________。

3. 预防所用药物，混饲时一定要混合________，同时应严把药物的________，防止药物残留对________造成不良影响。

二、实训题

参观当地养猪场，学习制订主要传染病的免疫程序。

项目二 常见流行病的防控

知识储备

一、猪瘟

猪瘟是一种高度接触传染的病毒性疾病，严重威胁养猪事业的发展。近几十年，不少国家先后采取了消灭猪瘟的措施，效果显著，有些地区已经消灭了猪瘟。

1. 病原 猪瘟病毒（HCV）是黄病毒科瘟病毒属的一个成员，HCV 与同属的牛病毒性腹泻病毒（BVDV）之间有共同抗原。

HCV 野毒株毒力差异很大。强毒株将引起死亡率高的急性猪瘟，而温和毒株一般只产生亚急性或慢性感染。猪瘟病毒对消毒药的抵抗力强，但 5%～10%漂白粉液及 2%氢氧化钠仍是最有效的消毒药。

2. 流行特点 当 HCV 低毒株感染妊娠母猪时，起初常不被觉察，但病毒可侵染子宫中的胎儿，造成死胎或出生后不久即死去的弱仔，分娩时排出大量 HCV。

引进外表健康的感染猪是猪瘟暴发最常见的原因。

在自然条件下 HCV 的感染途径是口鼻腔，也可通过眼结膜、生殖道黏膜或皮肤擦伤进入。本病在任何季节都可发生。

3. 症状 潜伏期一般为 5～7 d，短的 2 d，长的可达 21 d。根据病程长短和表现可分为最急性、急性、亚急性、慢性和温和型 5 种类型。

（1）最急性型。此型多见于流行初期，病猪突然发病，症状急剧，表现为全身痉挛，四肢抽搐，高热稽留，皮肤和黏膜发绀，有出血斑点，经 1～8 d 死亡。病程稍长的，可见有急性型症状。

（2）急性型。此型最为常见。病猪在出现症状前，体温已升高为 41℃左右，持续不退，表现为行动缓慢，头尾下垂，拱背，寒战及口渴，常卧一处或闭目嗜睡，眼结膜发炎，眼睑浮肿，分泌物增加，在下腹部、耳根、四蹄、嘴唇及外阴等处可见到紫红色斑点。病初排粪困难，不久出现腹泻，粪便呈灰黄色。公猪包皮内积有尿液，用手挤压后流出混浊灰白色恶臭液体。哺乳仔猪也可发生急性猪瘟，主要表现为神经症状，如磨牙、痉挛、角弓反张或倒地抽搐，最终死亡。

（3）亚急性型。常见于老疫区或流行后期的病猪，症状较急性型缓和，病程为 20～30 d。

（4）慢性型。此型主要表现为消瘦，贫血，全身衰弱，常伏卧，步态缓慢无力，食欲不振，便秘和腹泻交替出现。有的病猪在耳端、尾尖及四肢皮肤上有紫斑或坏死痂。病程1个月以上。不死者长期发育不良，成为僵猪。妊娠母猪感染后，将病毒通过胎盘传给胎儿，造成流产、产死胎、产出弱小的仔猪或断奶后出现腹泻。

（5）温和型。此型病情发展缓慢，病猪体温一般为40～41℃，皮肤常无出血小点，但在腹下部多见瘀血和坏死。有时可见耳部及尾巴皮肤坏死，俗称干耳朵、干尾巴。病程长达2～3个月。

4. 病变 肉眼可见病变为小血管变性引起的广泛性出血、水肿、变性和坏死。最急性型常无显著的特征性变化，一般仅见浆膜、黏膜和内脏有少数出血斑点。急性型呈全身淋巴结特别是耳下、支气管、颈部、肠系膜，以及腹股沟等淋巴结肿胀、多汁、充血及出血，外表呈紫黑色，切面如大理石状；肾色泽变淡，皮质上有针尖至小米状数量不等的出血点，少者数个，多者密布如麻雀蛋，肾盂处也可见到；脾边缘有时可见黑红色的坏死斑块，突出于被膜表面，称为出血性梗死；肝变化不大。多数病猪两侧扁桃体坏死。消化道出现的病变表现在口腔、牙龈有出血点和溃疡灶，喉头、咽部黏膜及会厌软骨上有程度不同的出血；胃和小肠黏膜出血呈卡他性炎症；大肠的回盲瓣处黏膜上形成特征性的纽扣状溃疡。

亚急性型全身出血病变较急性型轻，但坏死性肠炎和肺炎的变化较明显。

慢性型主要表现为坏死性肠炎，全身出血变化不明显。由于钙磷代谢紊乱，断奶病猪肋骨末端与软骨交界处出现骨化障碍，可见黄色骨化线，该病变在慢性猪瘟诊断上有一定意义。

温和型猪瘟的病理变化一般轻于典型猪瘟的变化，如淋巴结水肿，轻度出血或不出血；肾出血点不一致；膀胱黏膜只有少数出血点；脾稍肿，有1～2处小梗死灶；回盲瓣很少有纽扣状溃疡，但有时可见溃疡、坏死病变。

5. 诊断

（1）酶联免疫吸附试验（ELISA）。该方法的特点是敏感性高，在猪瘟主要是检测抗体。已建立的猪瘟单抗ELISA可区分强毒与弱毒的感染。

（2）正向间接血凝。该法敏感性和特异性都较好，一般认为间接血凝的抗体水平在1∶16以上者能抵抗强毒攻击。

（3）兔体交互免疫试验。猪瘟强毒不引起家兔体温反应，但能使其产生免疫力，而猪瘟兔化弱毒能使家兔发生热反应，但对产生免疫力的家兔则不应出现体温反应。将病猪的病料用抗生素处理后，接种家兔7 d后再用猪瘟兔化弱毒静脉注射，24 h后每6 h测温1次，连测3 d，如发生定型热反应，则病料中所含的病毒不是猪瘟病毒。同时设3只健康兔不接种病料作为对照。

（4）免疫荧光试验。取猪瘟早期病猪的扁桃体和淋巴结或晚期病猪的脾和肾组织，作冷冻切片或组织切片，丙酮固定后用猪瘟荧光抗体染色检查，2～3 h即可确诊，对猪瘟病猪的检出率为90%以上。

（5）琼脂扩散试验。检查猪血清，操作简便，成本低，适于基层运用。

6. 防制 该病尚无有效疗法。

（1）预防。采取以预防为主的综合性防疫措施，防止引入病猪，切断传播途径，广泛持久地开展猪瘟疫苗预防注射，是预防猪瘟发生的重要环节。猪瘟的免疫程序可根据猪场具体情况制订，一般公猪、繁殖母猪和育成猪每年春秋各注射猪瘟弱毒疫苗1次，根据情况可以剂量加倍注射。对仔猪可采用两种免疫程序：一般情况下，于3～4周龄第1次免疫，由于考虑到母源抗体的影响，第1次免疫用3～4倍剂量效果较好，9～10周龄第2次免疫；发生过猪瘟的猪场，新生仔猪应在吃奶前注射两倍剂量的猪瘟疫苗，待2 h后再自由哺乳，即所谓超前免疫，以后于8～9周龄时再加强免疫1次。

（2）防制措施。

①封锁疫点。在封锁地点内停止生猪及猪产品的集市贸易和外运，至最后1头病猪死亡或处理3周后，经彻底消毒，才可解除封锁。

②对全场所有猪进行测温和临床检查，病猪以急宰为宜，急宰病猪的血液、内脏和污染物等应就地深埋，肉经煮熟后可以食用。如刚发现疫情，最好将病猪及其污染物及时处理、深埋，拔掉疫点，以免扩散。凡被病猪污染的猪舍、环境、用具、吃剩的饲料及粪水等都要彻底消毒。

③禁止外来人员入内，场内饲养员及工作人员禁止互相来往，以免散毒和传播疫病。

④对带毒综合征的母猪，应坚决淘汰。这种母猪带毒而不发病，病毒可经胎盘感染胎儿，引起死胎、弱胎，生下的仔猪也可能带毒，这种仔猪对免疫接种有耐受现象，不产生免疫应答，而成为猪瘟的传染源。

二、口蹄疫

口蹄疫是由口蹄疫病毒引起的偶蹄兽的一种急性、热性和高度接触性传染病。临床上以猪口腔黏膜、鼻吻部、蹄部及乳房皮肤发生水疱和溃烂为特征。

猪口蹄疫的发病率很高，传染快，流行面大，可引起仔猪大批死亡，造成严重的经济损失。

1. 病原 口蹄疫病毒属核糖核酸病毒科。该病毒具有多型性及易变异的特点，已知有7个主型（即A型、O型、C型、南非Ⅰ型、南非Ⅱ型、南非Ⅲ型、亚洲Ⅰ型）。各型不能交互免疫。各主型还有若干亚型，目前已知约65个亚型。我国口蹄疫的病毒型为A型、O型及亚洲Ⅰ型。

口蹄疫病毒对外界环境抵抗力较强。1%～2%氢氧化钠溶液、3%～5%福尔马林、0.2%～0.3%过氧乙酸等消毒药液对本病毒均有较好的消毒效果。

2. 流行特点 牛、羊、猪等偶蹄动物都可发生。猪对口蹄疫病毒具有易感性，常可见到猪发病，牛、羊等偶蹄兽不发病；不同年龄的猪易感程度不完全相同，一般是年幼的仔猪发病率高，病情重，死亡率高。

病猪和带毒动物是主要的传染源。在发热期，病畜的奶、尿、分泌物、排泄物、水疱皮及水疱液中含有多量病毒，通过消化道，损伤的黏膜、皮肤，以及经空气、呼吸道传染。

猪口蹄疫多发生于秋末、冬季和早春，尤以春季达到高峰，但在大型猪场及生猪集中的仓库，一年四季均可发生。本病常呈跳跃式流行，主要发生于集中饲养的猪场、仓库、城郊猪场及交通沿线，畜产品、人、动物和运输工具等都是本病的传播媒介。

3. 症状 本病的潜伏期1～2 d，病猪以蹄部水疱为特征，体温升高（41～42℃），全身症状明显，精神不振，食欲减少或废绝。蹄冠、蹄叉、蹄踵发红，形成水疱和溃烂，有继发感染时，蹄壳可能脱落。病猪跛行，喜卧。病猪鼻盘、口腔、齿龈、舌和乳房（主要是哺乳母猪）也可见到水疱和烂斑。仔猪可因急性肠炎和心肌炎死亡。

4. 病变 口腔、鼻盘及蹄部发生水疱和溃烂。仔猪因心肌炎死亡时可见心肌松软，心肌切面有淡黄色斑或条纹，有"虎斑心"之称。还可见出血性肠炎。

5. 诊断 口蹄疫病毒具有多型性的特点，发病地区必须取水疱液和水疱皮，迅速送到指定的检验机构进行检验，以便作出确诊和鉴定出病毒型。猪口蹄疫须与猪水疱病、猪水疱疹及猪水疱性口炎相区别。

6. 防制 一旦发生本病，立即扑杀。首先应做好平时的预防工作。要加强生猪收购和调运时的检疫工作，防止从外界传入本病。如疑为口蹄疫发生时，立即向上级有关部门报告疫情，以求早日确诊，并采集病料送往专门机构检查。对发病现场进行封锁，按照上级防疫监督管理部门的规定，执行严格的封锁措施，按"早、快、严、小"的原则处理。对猪舍、环境及饲养管理用具进行严格的消毒，经有关部门批准，在解除封锁前，还须进行1次彻底的消毒。

三、猪水疱病

猪水疱病又称猪传染性水疱病，是由肠道病毒属的病毒引起的一种急性、热性接触性传染病，临床的主要特征是猪的蹄部、鼻端、口腔黏膜，甚至乳房皮肤发生水疱。

1. 病原 猪传染性水疱病病毒为核糖核酸病毒科肠道病毒属，为单股RNA型。该病毒与口蹄疫病毒差异较大。

本病毒对外界环境的抵抗力较强。5%福尔马林、5%氨水、10%漂白粉液、1%过氧乙酸、1%次氯酸钠、0.5%农福和0.5%菌毒敌等可用于消毒污染的猪舍、饲养用具及运输车船等。

2. 流行特点 本病一年四季都可发生。在冬春寒冷季节发生最多，不同条件的养猪场发病率为10%～100%。调运病猪，污染的车、船、用具，病猪的新鲜粪尿，流行地区的泔水、洗肉水等都是重要的传播媒介。

3. 症状 病猪主要症状是蹄冠、蹄叉、蹄底或蹄踵发生水疱。水疱由米粒大至黄豆大，数目不等。水疱内充满清亮或淡黄色液体，常连成一片。压之稍软，经1～2 d破溃，露出红色的、浅的破溃面，以后逐渐结痂恢复。病猪疼痛，运步困难，跛行很明显。若破溃部继发感染，蹄壳脱落，病猪不能站立，跪地爬行或卧地不起。部分病猪（5%～10%）在鼻端和口腔黏膜或齿龈及舌面出现水疱和溃疡，部分哺乳母猪（约8%）乳房上也出现水疱。

哺乳母猪乳房发生水疱，因疼痛常不愿给仔猪哺乳，造成仔猪吃不到奶而死亡。病仔猪生长发育停滞，肥猪掉膘严重，孕猪有流产现象。总的说来，本病的经过一般较轻，死亡率很低，病程10 d左右便可自愈。

4. 诊断 猪水疱病主要应与猪口蹄疫进行鉴别诊断。目前常采用反向间接血凝试验检测病毒抗原；采用正向间接血凝试验、细胞中和试验、乳鼠中和试验，以及琼脂扩散等方法检测血清抗体。

5. 防治 可使用鼠化弱毒疫苗和细胞培养毒灭活苗防治该病。用正向间接血凝检测免疫猪的抗体均高达 1∶512 以上。近几年在有猪水疱病疫情的地区广泛接种猪水疱病 BEI 灭活疫苗，该病迅速被扑灭。

在猪群遭受本病严重威胁的紧急情况下，可皮下注射或肌内多点注射康复猪的高免猪血清，剂量为每千克体重 0.5～1.0 mL，12 h 后即可起到抗感染效果，且能维持 30 d。

四、猪丹毒

猪丹毒是猪丹毒丝菌引起的人兽共患传染病，是猪的一种急性、败血性传染病。主要症状为败血症表现和皮肤上出现紫红色疹块。慢性病猪主要表现为心内膜炎和关节炎。

1. 病原 猪丹毒丝菌为细长的革兰氏阳性小杆菌，不形成芽孢和荚膜，不能运动。猪丹毒丝菌对外界环境的抵抗力很强，对热的抵抗力不强，煮沸后很快死亡；对消毒药的抵抗力较差，兽医上常用的消毒液均能较快将其杀死。

2. 流行特点 在自然条件下，猪对本菌最敏感。传染途径主要是消化道。病原体污染了饲料、饮水、土壤、猪舍和饲养管理用具，通过消化道侵入猪体。其次是经过皮肤的伤口感染，伤口是人感染的主要感染途径，吸血昆虫是传播媒介。

病猪和带菌猪是主要传染源。猪丹毒的流行有一定季节性，一般来说，多发生在气候较暖和的初夏及晚秋季节，也有冬春季发生的。本病多发生于 3～6 月龄的猪只。

3. 症状 一般分为急性型、亚急性型和慢性型 3 种。

(1) 急性型（败血型）。急性是常见的病型。流行初期，常见 1～2 头猪不见明显临床症状而突然死亡。多数病猪体温升至 42℃以上，食欲减少或废绝，寒战，有时见呕吐，喜卧，行走不稳，结膜潮红，有分泌物，弓背。病猪便秘或腹泻。病猪如若不死，可在胸、腹、四肢内侧、耳部皮肤上，出现大小不等的红斑，用手指按压时，红色暂时消退。此时病猪可视黏膜发绀，呼吸困难，站立不稳。如不及时治疗，多数病猪在 2～3 d 死亡，死亡率很高。

(2) 亚急性型（疹块型）。这是症状较轻的一种，以皮肤上出现疹块为特征。体温很少超过 42℃，病后 1～2 d，在背、胸、腹侧及四肢的皮肤上，出现大小不等的深红、黑紫色疹块，其形状有方形、菱形、圆形，或不规则形，或融合连成一大片，疹块部稍凸起，中间苍白，界限明显，很像烙印，故有“打火印”之称。随着疹块出现，体温下降，病势减轻，数天后自愈。病程为 10～12 d，死亡率低。个别病例也有转为急性或慢性的。

极个别病猪由于继发菌的感染，肩背部皮肤可产生较大面积的坏死和结成痂壳。有时可见病猪的耳或尾发生坏死脱落。

(3) 慢性型。单独发生慢性的少见，多由急性转变而来。主要症状为皮肤坏死、心内膜炎或关节炎，或二者并发。病猪体温正常，全身症状不明显。若发生关节炎，则有关节肿大，行走强拘，或跛行等变化。若有心内膜炎，则见呼吸困难，心跳快，喜卧及衰弱表现，强行驱赶可能发生急性死亡。

4. 病变 急性病猪淋巴结肿大，发红，切面多汁，或有出血；脾肿大，紫红色，切面结构不清，易刮脱；肾肿大，皮质部有大头针帽大小出血点；胃底部及小肠（十二指肠及空肠前段）卡他性或出血性炎症。亚急性除前述部分变化外，特征性变化是皮肤的疹块。慢性病例可见左心二尖瓣有菜花样赘生物，或有关节炎。

5. 诊断　对该病的诊断主要依靠流行特点、症状、病理变化及病原学检查。

6. 防治

（1）治疗。发病后应及早确诊，隔离病猪，及时治疗。青霉素为治疗猪丹毒的首选抗生素，用量按每千克体重1万U计算，每天2～3次，肌内注射。需要注意的是，猪在经过治疗后，体温下降，食欲和精神好转时，仍须继续注射2～3次，巩固疗效，防止复发或转为慢性。也可选用其他抗生素。

（2）预防。平时做好预防注射是我国目前采取的主要措施。我国使用的菌苗有两种。

猪丹毒氢氧化铝甲醛菌苗：10 kg以上的断奶猪一律皮下注射或肌内注射5 mL；10 kg以下或尚未断奶的猪，均皮下注射或肌内注射3 mL。1个月后，再补注3 mL。注苗后21 d产生免疫力，免疫期为6个月。

猪丹毒弱毒菌苗：为冻干苗，按瓶签注明头份，用20%氢氧化铝生理盐水稀释，大猪、仔猪一律皮下注射1 mL，注苗后7 d产生免疫力，免疫期为6个月。口服时，每头2 mL，含菌14亿个，服后9 d产生免疫力，免疫期为6个月。

消毒：发现病猪后，猪场环境及饲养管理用具应进行消毒，猪粪及垫草集中堆肥，发酵腐熟后作肥料用。病死猪深埋或化制；屠宰猪可高温处理后利用，血液、内脏等深埋。屠宰场地、用具及可能污染的地方，应彻底进行消毒。屠宰和解剖人员应加强防护工作，免受猪丹毒丝菌感染，如有发病，立即就医。

人感染此菌后称为类丹毒病，是一种职业病，应注意防护工作。

五、猪链球菌病

猪链球菌病是由几种主要链球菌引起的猪的急性败血性和局灶性淋巴结化脓的疾病。

1. 病原　链球菌呈圆形或卵圆形，常呈链状排列，革兰氏染色阳性。链球菌对外界环境的抵抗力不强，对干燥、高温等很敏感。抗生素、磺胺类药物对其有杀灭作用，常用消毒药也可很快将其杀死。

2. 流行特点　病猪和带菌猪是传染源，通过呼吸道和皮肤损伤感染，仔猪由脐带感染。大猪、仔猪都可感染，哺乳仔猪发病和病死率都高。一年四季均可发生，以5～11月发生较多。淋巴结化脓主要发生于架子猪，传播缓慢，发病率低，但可在猪群中陆续发生。

3. 症状

（1）急性败血型。此型表现为突然发生，体温升到40～42℃，全身症状明显，精神沉郁，食欲减退，结膜潮红，流泪，流鼻液，便秘。部分病猪出现关节炎，跛行或不能站立。有的病猪出现共济失调、磨牙、空嚼或昏睡等神经症状，后期呼吸困难，1～4 d死亡。

（2）脑膜炎型。此型多见于哺乳猪和断奶仔猪；除体温升高、不食等全身症状外，很快表现出神经症状，四肢共济失调、转圈、磨牙、仰卧、后肢麻痹及爬行，部分病猪出现关节炎。病程1～5 d。

（3）关节炎型。此型由前两型转来，或发病即表现为关节炎症状，一肢或几肢关节肿胀、疼痛、跛行，重者不能站立。精神和食欲时好时坏，衰弱死亡，或逐渐康复。病程2～3周。

（4）淋巴结脓肿型。脓肿多见于颌下淋巴结，有时见于咽部和颈部淋巴结。淋巴结肿胀，有热痛，根据发生部位不同可影响采食、咀嚼、吞咽和呼吸。有的咳嗽，流鼻液。淋巴结肿胀成熟，中央变软，皮肤变薄，后自行破溃流出脓汁，以后全身症状好转，局部治愈。病程2～3周。

4. 诊断 取病料涂片染色（革兰氏、亚甲蓝染色）、镜检，可见革兰氏阳性单个、成对和链状排列的球菌。将病料接种于血液琼脂平皿，37℃培养24～48 h，可见β溶血的细小菌落，选纯菌落进行生化试验和生长特性鉴定。

5. 防治

（1）治疗。由于本菌对抗生素及磺胺类药物都较敏感，所以，一旦怀疑或确诊为本病时，要及时进行治疗。对急性、脑膜炎型、关节炎型病猪及时用大剂量青霉素、土霉素、四环素和磺胺类药物治疗，有一定效果；对淋巴结脓肿病例，早期用抗菌药物治疗有效，待脓肿成熟后，切开脓肿，排出脓汁，局部按外科方法处理。

（2）预防。消除养猪环境中易引起外伤的因素，同时要做好猪舍、环境、用具的消毒卫生工作。必要时可用猪链球菌氢氧化铝菌苗（C群猪链球菌制成）免疫接种，按瓶签注明的头份，加入20%氢氧化铝胶生理盐水稀释，每头猪皮下注射3 mL，免疫期半年。必要时，可在饲料中加入抗菌药物进行预防。

六、猪附红细胞体病

猪附红细胞体病是由附红细胞体寄生于人、猪等多种动物的红细胞或血浆中引起的一种人兽共患病。猪附红细胞体病主要以急性、黄疸性贫血和发热为特征，严重时导致死亡。

1. 病原 猪附红细胞体属于立克次氏体，大小为（0.3～1.3）μm×（0.5～2.6）μm，呈环形、卵圆形、逗点形或杆状等形态。虫体常单个、数个乃至10多个寄生于红细胞的中央或边缘，血液涂片吉姆萨染色呈淡红或淡紫红色。

2. 流行特点 本病主要发生于温暖季节，夏季发病较多，冬季较少，根据该病发生的季节性推测节肢动物可能是该病的传播者。附红细胞体对宿主的选择并不严格，人、牛、猪、羊等多种动物的附红细胞体病在我国均有报道。注射针头、手术器械、交配等也能传播本病。

附红细胞体对干燥环境和化学药剂抵抗力弱。但对低温的抵抗力强。一般常用消毒药均能杀死病原。

3. 症状 仔猪最早3月龄发病，病猪发烧，扎堆，步态不稳，发抖，不食，个别弱仔猪很快死亡。随着病程发展，病猪皮肤发黄或发红，胸腹下及四肢内侧更甚。可视黏膜黄染或苍白。耐过仔猪往往形成僵猪。

母猪的症状分为慢性和急性两种：急性感染的症状为持续高热（40～41.7℃），厌食，妊娠后期和产后母猪易发生乳房炎，个别母猪发生流产或死胎。慢性感染母猪呈现衰弱，可视黏膜苍白、黄疸，不发情或屡配不孕，如有其他疾病或营养不良，可使症状加重甚至死亡。

4. 病变 该病特征性的病变是贫血及黄疸，可视黏膜苍白；全身性黄疸，血液稀薄；肝肿大变性，呈黄棕色；全身性淋巴结肿大，切面有灰白色坏死灶或出血斑点；肾有时有出血点；脾肿大变软。

5. 诊断 根据流行病学、临床症状和病理剖检疑似附红细胞体，结合实验室检验，查到病原方可确诊。

(1) 直接检查。取病猪耳尖血一滴，加等量生理盐水后用盖玻片压置油镜下观察，可见虫体呈球形、逗点形、杆状或颗粒状。虫体附着在红细胞表面或游离在血浆中，血浆中虫体可以做伸展、收缩、转体等运动。由于虫体附着在红细胞表面，有张力作用，红细胞在视野内上下震颤或左右运动，红细胞形态也发生了变化，呈菠萝状、锯齿状、星状等不规则形状。

(2) 涂片检查。取血液涂片用吉姆萨染色，可见染成粉红色或紫红色的虫体。

(3) 血清学检查。用补体反应、间接血凝试验，及间接荧光抗体技术等均可诊断本病。

(4) 动物接种。取可疑动物血清，接种小白鼠后采血涂片检查。

6. 防治

(1) 治疗。目前用于附红细胞体病治疗的药物主要有如下几种。

在猪发病初期，采用贝尼尔疗效较好。按每千克体重 5～7 mg 深部肌内注射，间隔 48 h 重复用药一次。对病程较长和症状严重的猪无效。

用对氨基苯胂酸钠对病猪群进行治疗，每吨饲料混入 180 g，连用 1 周，以后改为半量，连用 1 个月。

用土霉素或四环素按每千克体重 3 mg 肌内注射，24 h 即见临床改善，也可持续应用。

用新胂凡钠明按每千克体重 10～15 mg 静脉注射，一般 3 d 后症状可消除，但由于副作用较大，现在较少使用。

(2) 预防。目前，防治本病一般应着重抓好节肢动物的驱避。实践证明，在疥螨和虱子肆虐的情况下要控制附红细胞体病是不可能的。加强饲养管理，给予全价饲料保证营养，增加机体的抗病能力，减少不良应激都是防止本病发生的措施。在发病期间，可将土霉素或四环素添加在饲料中，剂量为每吨饲料 600 g，连用 2～3 周。

七、猪细小病毒病

猪细小病毒可引起猪的繁殖障碍，其特征是受感染母猪，特别是初产母猪产死胎、畸形胎、木乃伊胎及病弱仔猪，偶有流产，而母猪本身通常不表现临床症状，有时也可导致公、母猪的不育。现已成为危害我国养猪业的主要疫病之一。

1. 病原 猪细小病毒（PPV）属于细小病毒科细小病毒属，无囊膜，为单股 DNA。病毒对外界环境抵抗力很强，0.5%漂白粉液、2% NaOH 溶液 5 min 可将其杀死。

2. 症状　仔猪和母猪的急性感染通常都呈亚临床症状，但在体内许多分裂旺盛的器官和组织中都能发现该病毒。PPV感染主要的（通常也是唯一的）临床症状是母猪的繁殖障碍。母猪在不同孕期感染，临床表现有一定差异。怀孕早期感染时，胚胎、胎儿死亡，死亡胚胎被母体迅速吸收，母猪有可能再度发情。在怀孕30～50 d感染，主要是产木乃伊胎，如胎儿在早期死亡，产出小的黑色枯萎样木乃伊胎；如晚期死亡，则子宫内有较大木乃伊胎。怀孕70 d之后感染，母猪多能正常生产，但产出的仔猪带毒，有的甚至终身带毒而成为重要的传染源。母猪可见的唯一症状是在怀孕中期或后期胎儿死亡，胎水重被吸收，腹围减小。

此外，本病还可引起母猪发情不正常、久配不孕、新生仔猪死亡和产弱仔等症状。对公猪的受精率和性欲没有明显影响。

3. 病变　母猪子宫内膜有轻度的炎症反应，胎盘部分钙化，胎儿在子宫内有被溶解吸收的现象。受感染胎儿表现不同程度的发育障碍和生长不良，有时胎重减轻，出现木乃伊胎、畸形、骨质溶解的腐败黑化胎儿等。胎儿可见充血、水肿、出血、体腔积液、脱水（木乃伊胎）及死亡等症状。

4. 诊断　根据流行病学、临床症状和剖检变化可作出初步诊断，但最终确诊要依赖于实验室检查。血清学诊断有血凝和血凝抑制试验、中和试验、酶联免疫吸附试验（ELISA）和免疫荧光试验等。其中，血凝和血凝抑制试验因操作简单、快速，最为常用。

5. 防治　坚持自繁自养的原则，如果必须引进种猪，应从未发生过本病的猪场引进，引进种猪后应隔离饲养15d，经过两次血清学检查，HI效价（血凝抑制抗体效价）在1∶256以下或为阴性时，方可合群饲养。

在本病流行地区，将母猪配种时间推迟到9月龄后，因为此时大多数母猪已建立起主动免疫系统，若早于9月龄时配种，需进行HI检查，只有具有高滴度的抗体时才能进行配种。

（1）自然感染。使初产母猪在配种前获得主动免疫，这种方法只能在本病流行地区进行。方法是将血清学阳性母猪放入后备母猪群中，或将后备母猪赶入血清学阳性的母猪群中，从而使后备母猪受到感染，获得主动免疫力。

（2）免疫接种。目前，常用的疫苗主要有灭活疫苗和弱毒疫苗。灭活疫苗注射一次即可产生较高滴度的抗体，并持续达7个月以上，具有良好的保护效果。

由猪细小病毒引起的繁殖障碍主要发生于妊娠母猪受到初次感染时，因此疫苗接种对象主要是初产母猪。经产母猪和公猪，若血清学检查为阴性，也应进行免疫接种。疫苗接种应在怀孕前2个月进行，以便在怀孕的整个敏感期产生免疫力。

八、伪狂犬病

伪狂犬病是由伪狂犬病病毒引起的家畜和野生动物的一种急性传染病。成年猪呈隐性感染或有上呼吸道卡他性症状，妊娠母猪发生流产、死胎，哺乳仔猪出现发热、脑脊髓炎和败血症症状，最后死亡。

1. 病原　伪狂犬病病毒属于疱疹病毒科、α疱疹病毒亚科，为线状双股RNA。本病毒对外界环境的抵抗力较强，1％氢氧化钠溶液、福尔马林消毒有效。

2. 流行特点 猪、牛、羊、犬和猫等多种动物都可自然感染，病猪、带毒猪和带毒鼠类是本病的重要传染源。病毒从病猪的鼻液、唾液、乳汁及尿中排出，通过直接接触或间接接触，经呼吸道、消化道、皮肤伤口及配种等途径感染；母猪感染后6～7 d奶中可排毒，持续3～5 d，仔猪吃奶而感染；妊娠母猪通过胎盘感染胎儿。牛可因接触病猪而感染，牛与猪之间也可互相传播。本病多发生在冬、春季节，在长年产仔情况下季节性不明显，哺乳仔猪发病后多数死亡。

3. 症状 随猪龄的不同症状有很大差异，但都无瘙痒症状。新生仔猪及4周龄以内仔猪常突然发病，体温升至41℃以上，病猪精神委顿、厌食、呕吐或腹泻，随后可见兴奋不安，步态不稳，运动失调，全身肌肉痉挛，或倒地抽搐，有时不自主地前冲、后退或转圈运动，或前肢呈八字形呆立。随着病程发展，出现四肢麻痹，倒地侧卧，头向后仰，四肢乱动，空嚼流涎，叫声嘶哑及喘气，最后死亡，病程1～2 d，死亡率很高。

4月龄左右的猪，多表现轻微发热、流鼻涕、咳嗽和呼吸困难，有的出现腹泻，几天可恢复，也有部分出现神经症状而死亡。

妊娠母猪流产、死胎或木乃伊胎，产出的弱胎多经2～3 d死亡。流产率可达50%。

成年猪一般呈隐性感染，有时可见上呼吸道卡他性炎症症状、发热、咳嗽、鼻腔流出分泌物及精神委顿等一般症状。

4. 病变 鼻腔卡他性或化脓性炎症，咽喉部黏膜水肿，并有纤维素性坏死性伪膜覆盖；肺水肿，淋巴结肿大，脑膜充血水肿，脑脊髓液增多；胃肠卡他性或出血性炎症；镜检脑部有明显的非化脓性脑炎病变；流产胎儿的肝、脾、淋巴结及胎盘绒毛膜有凝固性坏死。

5. 诊断 根据发病特点和临床表现可初步判断，也可进行动物接种试验及血清学反应。

6. 防治 防止购入种猪时带入病原，购进猪只要注意隔离观察，消灭饲养场的鼠类。发生本病时扑杀病猪，消毒猪舍及环境，粪便发酵处理。

猪伪狂犬病疫苗包括灭活苗和弱毒苗。在疫场或受威胁的养猪场，必要时给猪注射弱毒冻干疫苗，按瓶签标明的头份，用PBS稀释，剂量为1 mL/头，乳猪肌内注射0.5 mL/头，断奶后再注射1 mL/头；3月龄以上架子猪注射1mL/头，成年猪注射1 mL/头，妊娠母猪配种前和产前1个月两次各注射3 mL/头。

九、猪乙型脑炎

猪乙型脑炎又名流行性乙型脑炎，是由日本乙型脑炎病毒引起的一种急性人兽共患传染病。病猪主要表现为高热、流产、死胎和公猪睾丸炎。

1. 病原 乙型脑炎病毒属披膜病毒科甲病毒属日本脑炎亚属，是一种小的球形单股RNA病毒。

病毒对外界环境抵抗力强，兽医上常用的消毒药对其有良好的消毒作用。

2. 流行特点 乙型脑炎是自然疫源性疾病，在自然情况下，许多动物感染后可成为本病的传染源，马、猪、人最易感和易发病，其他畜禽均为阴性感染。猪的感染最为普遍，血检抗体阳性率在90%以上，通过猪—蚊—猪等循环，扩大病毒的散播，故猪是本病主要的增殖宿主和传染源。

本病主要通过蚊的叮咬进行传播，其中三带喙库蚊是主要传播媒介。病毒能在蚊体内繁殖，并可越冬，经卵传播，成为次年感染动物和人的来源。

流行有明显的季节性，多集中在夏末秋初。猪的发病年龄与性成熟有关，大多在6月龄左右发病。

3. 症状　猪感染乙型脑炎时，临床上几乎没有脑炎症状的病例。常突然发生，体温升至40～41℃，稽留热。病猪精神委顿，食欲减少或废绝，粪干呈球状，表面附着灰白色黏液。有的病猪后肢呈轻度麻痹，步态不稳，关节肿大，跛行；有的病猪视力障碍，最后麻痹死亡。

感染妊娠母猪突然发生流产，多发生在妊娠后期，产出死胎、木乃伊和弱胎，弱胎产出后几天内死亡，母猪无明显异常表现，同胎也见正常胎儿，发育良好。同胎的胎儿、大小和病变有多种多样，常混合存在。这种猪仍能发情、配种。

病公猪除有一般症状外，常发生一侧性睾丸肿大，也有两侧性的。病猪睾丸阴囊皱襞消失、发亮，有热痛感，经3～5 d后肿胀消退，有的睾丸变小变硬，失去配种繁殖能力，如仅一侧发炎，仍有配种能力。

4. 病变　流产胎儿脑水肿，皮下血样浸润，肌肉似水煮样，褪色，腹水增多；木乃伊胎儿从拇指大小到正常大小，肝、脾、肾有坏死灶，全身淋巴结出血，肺瘀血、水肿，或有肺炎。母猪子宫黏膜充血、出血和有黏液，胎盘水肿或出血。公猪睾丸实质充血、出血和有小坏死灶；睾丸硬化者体积缩小，与阴囊黏连，其实质结缔组织化。

如剖检病死猪脑部，可见脑脊髓液增多，脑膜和脑实质充血、出血及水肿，组织学检查为非化脓性脑炎变化。

5. 诊断　根据流行性乙型脑炎明显的季节性和地区性及其临床特征不难作出诊断，但确诊还必须进行病毒分离和血清学试验等特异性诊断。

（1）血清学诊断通常可利用以下几种试验进行血清学诊断。

①血凝抑制试验。常用的有3种。乙脑的血凝抑制抗体较补体结合抗体出现得早，一般在发病后4～5 d开始出现，病后2周左右达到高峰，并可持续1年左右。因此，测定血凝抑制抗体可以较早作出诊断。一般按双份血清法判定，即恢复血清的血凝抑制效价为急性期的4倍以上才具有诊断意义。血细胞主要采自鹅、鸽和雏鸡。

②酶联免疫吸附试验。试验中阳性检出率明显高于补体结合试验，且因能检出IgM抗体，也具有早期诊断意义。

③乳胶凝集试验。现有用于检测猪乙脑抗血清的乳胶凝集试验的试剂盒。

（2）鉴别诊断在临床上，猪流行性乙型脑炎与猪布鲁氏菌病、细小病毒感染，以及伪狂犬病极为相似，它们的区别在于：猪布鲁氏菌病无明显的季节性，流产多发生于妊娠的第3个月，多为死胎，胎盘出血性病变严重，极少出现木乃伊胎，公猪睾丸肿胀多为两侧性，附睾也有肿胀，有的猪还出现关节炎而跛行。猪细小病毒感染引起的流产、死胎、木乃伊或产出弱仔多见于初产母猪，经产母猪感染后通常不表现出繁殖障碍现象，且都无神经症状。

6. 防治　乙型脑炎的治疗没有特殊方法。本病主要防治措施是防蚊灭蚊和免疫接种。

灭蚊是控制乙型脑炎流行的一项重要措施。免疫接种是一项有效的措施。目前，猪用乙型脑炎疫苗主要有两种，即灭活疫苗和减毒活疫苗。在流行地区猪场，在蚊蝇开始活动前1～2个月，对4月龄以上至两岁的公、母猪，应用乙型脑炎弱毒疫苗进行预防注射，第2年加强免疫一次，免疫期可达3年，有较好的预防效果。

十、猪繁殖和呼吸综合征（经典猪蓝耳病）

猪繁殖和呼吸综合征（PRRS）是近几年来新发现的一种急性、高度传染性的病毒性传染病，是受感染的猪群发生以繁殖障碍和呼吸系统症状为特征的疫病，表现为流产，产死胎、木乃伊胎，产弱仔和呼吸困难，是危害养猪业最严重的病毒性疫病之一。

1. 病原 电子显微镜下观察，病毒呈球形，为冠状病毒科动脉炎病毒属。

该病毒对氯仿、乙醚敏感。对温热和外界理化因素的抵抗力不强，56℃加热45 min，37℃、48 h可使病毒灭活。

2. 流行特点 本病是一种高度接触性传染病，呈地方流行性。猪是唯一的易感动物，各种年龄、品种和用途的猪均可感染，但以妊娠母猪和1月龄以内的仔猪最易感。

病猪和带毒猪是主要的传染源。呼吸道是该病的主要感染途径，空气传播和感染猪的流动是主要的传播方式。患病母猪所生仔猪及其粪尿污染的环境、饲养管理用具、运输工具等均可成为本病的传播媒介。妊娠病母猪可垂直传给仔猪，公猪精液、啮齿动物、禽类和野生动物等都是该病的传播媒介。

3. 症状 在临床上将本病分为急性型、慢性型和亚临床型。

（1）急性型。母猪发烧，精神沉郁，食欲减退或废绝，嗜睡，咳嗽，不同程度的呼吸困难，间情期延长或不孕。怀孕母猪发生流产（多为怀孕后期流产），产死胎、木乃伊胎、弱仔，有的出现产后无奶。部分新生仔猪表现呼吸急促，或运动失调等神经症状，产后1周内仔猪的死亡率明显上升。有的病猪在耳、腹侧及外阴部皮肤呈现一过性青紫色或蓝色斑块。仔猪表现体温升高（39.5～41℃），呼吸困难，有的呈腹式呼吸，食欲减退或废绝，腹泻，明显消瘦，死亡率高，可达80%以上。

（2）慢性型。大多数患慢性型PRRS的母猪，其繁殖性能可恢复到正常水平。但每窝活仔猪数会减少，同时受胎率会长期下降10%～15%。育肥猪对本病易感性较差，临床仅出现轻度厌食和呼吸道症状。公猪的发病率较低，感染后一般体温不升高，精液质量下降。

（3）亚临床型。本病血清学阳性率达40%以上，但表现临床症状的只占10%左右，所以大多数被感染的育成猪呈亚临床型。这类病猪不表现症状但排毒，成为主要的传染源。

4. 病变 对PRRS母猪的流产胎儿及弱产仔猪剖检，可见胸腔内积有大量清亮液体，偶见有肺实变。剖检母猪、公猪和育肥猪病例，一般无肉眼可见病理变化，显微镜检查可见间质性肺炎变化。

5. 诊断

（1）病毒分离。确诊本病的重要条件是要收集合适的病料样品，即从流产死胎、新生仔猪采集肺、脾、肝、肾、心、脑、扁桃体、外周血白细胞、支气管外周淋巴结、胸腺和骨髓制成匀浆，用于PRRS病毒的分离；也可采发病母猪的血清、血浆、外围血白细胞，用于病毒的分离。

（2）血清学检查。目前有4种方法检测血清中PRRS病毒抗体，即免疫过氧化物酶单层细胞试验（IPMA）、间接荧光抗体试验（IFA）、血清中和试验（SN）和酶联免疫吸附试验（ELISA），已有ELUSA商品试剂盒出售。

6. 防治　加强饲养管理，严格消毒制度，切实搞好环境卫生，消灭猪场周围可能带毒的野鸟和野鼠，每圈饲养猪只密度要合理。商品猪场要严格执行“全进全出”制。

在本病流行期，可给仔猪注射抗生素并配合支持疗法，用以防止继发性细菌感染和提高仔猪的成活率。疫苗的应用是十分重要的防治手段，我国正在研制中。

十一、猪传染性胃肠炎

猪传染性胃肠炎是由冠状病毒属的猪传染性胃肠炎病毒引起的一种急性、高度接触性的传染病，临床上以呕吐、严重腹泻、脱水和以10日龄内仔猪高死亡率为特征。该病在我国时有发生，给养猪业造成较大损失。

1. 病原　病原为冠状病毒科冠状病毒属的猪传染性胃肠炎病毒，是单股RNA。本病毒对外界环境抵抗力不强，紫外线能使病毒很快死亡。本病毒不耐干燥和腐败，一般消毒药可将其杀死。

2. 流行特点　各种年龄的公、母猪、育肥猪及断奶仔猪均可感染发病，以10日龄以内的哺乳仔猪发病率和病死率最高，其他动物无易感性。病猪和带毒猪是本病的主要传染源。病毒通过消化道和呼吸道感染。

本病的发生有季节性，冬春寒冷季节多发，在产仔旺季发生较多；在新发病猪群，呈流行性发生，在老疫区则呈地方流行。

3. 症状　本病潜伏期较短，随感染猪的年龄不同而有差异，仔猪为1～24 h，大猪2～4 d。仔猪先突然发生呕吐，接着发生急剧的水样腹泻，粪便为黄绿色或灰色，有时呈白色，并含凝乳块。部分病猪体温先短期升高，发生腹泻后体温下降。病猪迅速脱水，很快消瘦，严重口渴，食饮减退或废绝。一般经2～7 d死亡，10日龄以内的仔猪有较高的致死率，随着日龄的增长致死率降低，病愈仔猪生长发育缓慢。架子猪、肥猪和成年猪的症状较轻，发生1至数日的减食，腹泻，体重迅速减轻，有时出现呕吐，哺乳母猪泌乳减少或停止。一般3～7 d恢复，极少发生死亡。

4. 病变　主要病变在胃和小肠。仔猪胃内充满凝血块，胃底部黏膜轻度充血，有时在黏膜下有出血 斑。小肠内充满黄绿色或灰白色液状物，含有泡沫和未消化的小乳块，小肠壁变薄，弹性降低，以致肠管扩张，呈半透明状。肠系膜血管扩张。淋巴结肿胀，肠系膜淋巴管内见不到乳糜。将空肠纵向剪开，用生理盐水将肠内容物冲掉，在玻璃平皿内铺平，加入少量生理盐水，在低倍显微镜下或放大镜下观察，可见到空肠绒毛显著缩短。

5. 诊断　根据流行病学和症状可以对本病作出初步诊断。本病发生于寒冷季节，传播迅速。病猪先呕吐，继而发生水样腹泻，10日龄以内仔猪有高度致死率，而大猪能迅速康复。必要时，可检查空肠绒毛萎缩的情况，如果呈弥散无边际性的萎缩，可诊断为本病。可用血清学方法确诊。

鉴别诊断应与猪的流行性腹泻、猪的轮状病毒腹泻、猪大肠杆菌病和猪痢疾等相区别。

6. 防治 目前尚无特效药物可供治疗。发病时一般采用停食或减食，多给清洁饮水或易消化饲料，对仔猪采取补液、给口服补液盐等措施，有一定作用。

由于此病发病率很高，传播快，一旦发病，采取隔离、消毒等措施效果不大，加之康复猪可产生一定免疫力，规模不大的猪场，全场猪暴发流行后获得免疫，本病即可停止流行。在规模较大的猪场一旦发病后，经领导同意，可对未分娩母猪及年龄较大的猪进行人工感染，使之短期内发病，疫情终止。还可使哺乳仔猪从免疫母猪初乳中获得免疫力，从而使仔猪免受感染。此外，可试用猪传染性胃肠炎弱毒疫苗预防。

十二、猪流行性腹泻

猪流行性腹泻是由冠状病毒属的猪流行性腹泻病毒引起的一种肠道传染病，以排水样稀便、呕吐、脱水为特征。该病在我国有发生，临床上与猪传染性胃肠炎难以区别。

1. 病原 病原为冠状病毒科冠状病毒属的猪流行性腹泻病毒，为RNA病毒。本病毒与传染性胃肠炎病毒没有共同的抗原。病毒对外界环境抵抗力不强，对乙醚、氯仿等敏感，一般消毒药都可将其杀死。

2. 症状 病猪呕吐、腹泻和脱水，粪稀如水、灰黄色或灰色，在吃食或吃奶后发生呕吐，体温稍高或正常，精神、食欲变差。不同的年龄症状有差异，年龄越小，症状越重，1周以内仔猪发生腹泻后2～4 d脱水死亡，死亡率平均为50%。断奶仔猪、育肥猪及母猪常呈厌食、腹泻，4～7 d恢复正常。成年猪仅发生厌食和呕吐。

3. 病变 与猪传染性胃肠炎相似。

4. 诊断 目前仅使用发病猪剖杀后采取小肠作冰冻切片，免疫荧光检查。

5. 防治 同猪传染性胃肠炎。

十三、猪大肠杆菌病

大肠杆菌病是由致病性大肠杆菌引起的人兽共患传染病，是畜禽常见的传染病之一，会造成相当大的危害。

猪大肠杆菌病在我国发生最多的有3种，即出生后3～5 d发生的仔猪黄痢，2～3周龄发生的仔猪白痢，断奶前后（1～2月龄）发生的水肿病。

1. 病原 大肠杆菌是一种革兰氏阴性的短杆菌，有鞭毛，无芽孢。

2. 流行特点 猪自出生至断奶期间均可发病。

（1）仔猪黄痢。常发生于出生后1周以内，以1～3日龄最常见，随日龄增加而减弱。

（2）仔猪白痢。发生于10～30日龄，仔猪以2～3周龄较多见，1月龄以上的猪很少发生，其发病率约为50%，而病死率低。一窝仔猪中发病常有先后，此愈彼发，拖延时间较长，有的仔猪窝发病多，有的仔猪窝发病少，或不发病，症状也轻重不一。

（3）猪水肿病。常见于断奶不久的仔猪，肥胖的猪最易发病，育肥猪和10 d以下的猪很少见。在某些猪群中有时散发，有时呈地方流行性，发病率一般在30%以下，但病死率很高，约90%。

3. 症状

（1）仔猪黄痢。一窝仔猪出生时体况正常，12 h后突然1～2头全身衰弱死亡，1～3 d其他猪相继腹泻，粪便呈黄色糨糊状，捕捉时，在挣扎和鸣叫中，肛门冒出稀粪，并迅速消瘦，脱水，昏迷而死亡。

（2）仔猪白痢。10～30日龄哺乳仔猪易发生，仔猪突然发生腹泻，开始排糨糊样粪便，继而变成水样，随后出现乳白、灰白或黄白色下痢，气味腥臭。病猪体温和食欲无明显变化。病猪逐渐消瘦，拱背，皮毛粗糙不洁，发育迟缓，病程一般3～7 d，绝大部分猪可康复。

（3）猪水肿病。断奶猪突然发病，表现精神沉郁，食欲下降至废绝，心跳加快，呼吸浅表，病猪四肢无力，共济失调，静卧时，肌肉震颤，不时抽搐，四肢划动如游泳状，触摸敏感，发出呻吟或鸣叫，后期转为麻痹死亡。整个病期体温不升高，同时在部分猪表现出眼睑和脸部水肿，有时有波及颈部、腹部皮下的特殊症状，而有些猪体表没有水肿变化。该病病程为1～2 d，个别可达7 d以上，病死率约为90%。

4. 病变

（1）仔猪黄痢。最急性剖检常无明显病变，有的表现为败血症，一般可见尸体脱水严重，肠膨胀，有多量黄色液状内容物和气体，肠黏膜呈急性卡他性炎症变化，以十二指肠最严重，空肠、回肠次之，肝及肾有时有小的坏死灶。

（2）仔猪白痢。剖检尸体外表苍白消瘦，肠黏膜有卡他性炎症变化，有多量黏液性分泌液，胃有食滞。

（3）猪水肿病。最明显的是胃大肠弯部黏膜下组织高度水肿，其他部位如眼睑、脸部、肠系膜及肠系膜淋巴结、胆、喉头、脑及其他组织也可见水肿。水肿范围大小不一，有时还可见全身性瘀血。

5. 诊断　根据流行病学、临床症状及病理变化，即可作出初步诊断。确诊需进行大肠杆菌的分离与鉴定。

6. 防治

（1）仔猪黄痢。见仔猪发病时立即对全窝仔猪给药治疗。常用药物有金霉素、新霉素及磺胺甲基嘧啶等。由于细菌易产生抗药性，最好先分离出大肠杆菌做纸片药敏试验，以选出最敏感的治疗药品用于治疗，方能收到好的疗效。

平时做好圈舍、环境的卫生及消毒工作，做好产房及母猪的清洁卫生和护理工作。接产前对母猪乳房（每个乳头）和后躯的擦拭和清洗有较好的预防效果。

常发地区可用大肠杆菌腹泻K88、K99、987 P三价灭活菌苗，或大肠杆菌K88、K99双价基因工程灭活苗给产前一个月怀孕母猪注射，以通过母乳获得被动保护，防止仔猪发病。

国内有的猪场，在仔猪出生后未吃奶前全窝用抗菌药物口服，连用3 d，以防止发病，也有用细菌制剂，如调痢生（8501）、促菌生等在吃奶前喂服，以预防发病。有些猪场采用本场淘汰母猪的全血或血清，给初生仔猪口服或注射进行预防有一定效果。

（2）仔猪白痢。除参照仔猪黄痢的有关措施外，还应注意加强母猪饲养管理，根据情况增减饲料或青饲料，避免母猪乳汁过稀、不足或过浓；仔猪提早开食，促进消化机能发

育；给母猪和仔猪补充微量元素和注射抗贫血药等。

（3）猪水肿病。应加强断奶仔猪的饲养管理，不突然改变饲料和饲养方法，喂量逐渐增加，防止饲料单一，增加富含维生素饲料，适当调整饲料中蛋白质含量，防止仔猪便秘等。对于有病猪群，在断奶期间适当添加一定的抗菌药物进行预防，效果较好，可选用土霉素、新霉素、呋喃唑酮、磺胺类药物及大蒜等。

十四、猪密螺旋体痢疾

猪密螺旋体痢疾简称猪痢疾，又称血痢，是由猪痢疾蛇形螺旋体（又称密螺旋体）引起的猪的一种严重的肠道传染病，主要临床症状为严重的黏液性出血性下痢，急性型以出血性下痢为主，亚急性和慢性以黏液性腹泻为主。剖检病理特征为大肠黏膜发生卡他性、出血性及坏死性炎症。

1. 病原 病原为猪痢疾蛇形螺旋体，革兰氏染色阴性。存在于病猪的病变肠段黏膜、肠内容物及排出的粪便中。本菌对外界环境抵抗力较强，光照、加热及一般消毒药剂均可将其杀死。

2. 流行特点 病猪和带菌猪是主要的传染源，经常随粪便排出，污染饲料、饮水、猪圈、饲槽、用具、周围环境及母猪躯体（包括乳头），当仔猪出生后通过消化道感染，在断奶前后发病。

本病多因引进带菌的种猪引起，小鼠、犬及病场中的野鼠都可能成为传播者。

不同品种、年龄的猪均可感染，以2～3月龄幼猪发生最多。一年四季均可发生，流行初期呈最急性及急性，病死率高，其后多呈亚急性和慢性，影响生长发育。饲养管理不良、维生素和矿物质缺乏可促进本病发生并加重病情。

3. 症状 猪群起初暴发本病时常呈急性，后逐渐缓和为亚急性和慢性。最常见的症状是出现程度不同的腹泻，一般是先排软粪，渐变为黄色稀粪，内混黏液或带血。病情严重时所排粪便呈红色糊状，内有大量黏液、血块及脓性分泌物，有的排灰色、褐色甚至绿色糊状粪，有时带有很多小气泡，并混有黏液及纤维素伪膜。病猪精神不振，厌食，喜饮水，弓背，脱水，腹部蜷缩，行走摇摆，被毛粗乱无光，迅速消瘦，后期排粪失禁。肛门周围及尾根被粪便沾污，起立无力，极度衰弱死亡。大部分病猪体温正常，40～40.5℃，但不超过41℃。慢性病例症状轻，粪中含较多黏液和坏死组织碎片，病期较长，进行性消瘦，生长停滞。

从排稀粪开始至死亡经7～10 d。少数病猪经治疗不见好转，病程可达15 d以上。

4. 病变 主要病变局限于大肠（结肠、盲肠）。急性病猪为大肠黏液性和出血性炎症，黏膜肿胀、充血和出血，肠腔充满黏液和血液；病例稍长的主要为坏死性大肠炎，黏膜上有点状、片状或弥漫性坏死，坏死常限于黏膜表面，肠内混有多量黏液和坏死组织碎片。

5. 诊断 根据本病的流行病学、临床症状和剖检病变可作出初步诊断，但确诊需依赖实验室检查。

（1）流行病学及临床诊断。本病的流行缓慢，持续时间长，常发生于断奶后的架子猪，哺乳仔猪和成年猪较少发生。病猪排灰黄色至血胨样稀粪。病变局限于大肠，呈卡他性、出血性、坏死性炎症。

(2) 病原性诊断。病原性诊断有以下两种方法。

①直接镜检法。用棉试纸采取病猪大肠黏膜或血胨样粪便抹片染色镜检或暗视野或相差显微镜。检查，但本法对急性后期、慢性隐性及用药后的病例检出率低。分离和鉴定是目前诊断本病较为可靠的方法。

②血清学诊断。有凝集试验（试管法、玻片法、微量凝集及炭凝集）、免疫荧光试验、间接血凝试验及酶联免疫吸附试验等方法。其中，凝集试验及酶联免疫吸附试验具有较好的实用价值。

6. 防治 尚未研制成功预防本病有效菌苗。在饲料中添加药物虽可控制发病，但停药后又复发，难以根除。必须采取综合性预防措施，并配合药物防治，才能有效地控制或消灭本病。

在有本病的猪场采用药物净化办法来控制，利用痢菌净拌料饲喂或内服，即每千克干饲料加 1 g 痢菌净混合，连服 30 d；乳猪灌服 0.5% 痢菌净溶液，每千克体重灌服 0.25 mL，每天灌服 1 次，并结合消毒，达到控制和净化的目的。

十五、仔猪副伤寒

猪沙门氏菌病，又称猪副伤寒，是由沙门氏菌引起的 2～4 月龄仔猪发生的传染病，其以急性败血症，或慢性坏死性肠炎、顽固性下痢为特征，常引起断奶仔猪大批发病，如伴发或继发感染其他疾病或治疗不及时，死亡率较高，造成较大的损失。

1. 病原 沙门氏菌属于革兰氏阴性杆菌，不产生芽孢，也无荚膜，绝大部分沙门氏菌都有鞭毛，能运动。

2. 流行特点 病猪及带菌猪是主要的传染源，猪霍乱沙门氏菌感染恢复猪，一部分能持续排菌，鼠伤寒沙门氏菌等由于污染环境而促使持续发病。肠淋巴结带菌的健康猪，由于运输等应激因素而排菌。

本病一般发生于幼龄猪，多呈散发形式，在密集饲养、环境污秽、潮湿、各种应激、营养障碍、内寄生虫和病毒感染等条件下，可导致流行。本病无季节性，多与猪瘟混合感染（并发或继发），发病率高，死亡率高，病程短促。本病对公共卫生有重要影响，动物生前感染沙门氏菌或食品受到污染，可使人发生食物中毒。

3. 症状

(1) 急性败血型。断奶至 4 月龄猪发病，以发热，食欲不振，呼吸急促和耳、四肢、腹下部等皮肤紫斑为主要特征，有时后躯麻痹，排黏液血性下痢便或便秘，经过 1～4 d 死亡。

(2) 下痢型。亚急性和慢性型，是临床多见的类型。主要发生于 3 月龄左右猪，一般出现水样黄色恶臭下痢，发热，呕吐，精神沉郁，食欲不振，被毛失去光泽，有时也出现呼吸器官病状，眼结膜潮红、肿胀、分泌脓性黏液性液体。中后期皮肤出现弥散性湿疹。

4. 病变

(1) 急性败血型。全身主要淋巴结出现浆液性和充血出血性肿胀；肠系膜淋巴结索状肿大，有黄疸变化；脾肿大，呈橡皮样的暗紫色；肺水肿，充血；肾出血；卡他性胃炎及肠黏膜充血和出血。

（2）下痢型。主要病变见于大肠、盲肠、结肠，黏膜肥厚，溃疡，呈现局灶性、弥散性、纤维素性坏死性肠炎，并形成糠麸样溃疡。有时也见肺病变。

5. 诊断 根据流行病学、临床症状和病理变化可作出初步诊断。确诊需从病猪的血液、脾、肝、淋巴结及肠内容物等进行沙门氏菌分离和鉴定。

6. 防治 预防本病应从加强饲养管理，消除发病诱因，保持饲料和饮水的清洁卫生等方面着手。

在本病常发地区和猪场，对仔猪应坚持接种猪副伤寒弱毒冻干苗，用于1月龄以上哺乳或断奶仔猪，口服或注射接种，能有效地预防猪副伤寒的发生和流行。抗生素对本菌苗的免疫力有影响，在用苗前3 d和用苗后7 d应停止使用抗菌药物。

对发病猪应尽早治疗。治疗时可选择一些敏感抗菌药物，与发病猪同圈、同舍的猪群可向饲料中添加抗生素进行预防。慢性病猪应及早给予淘汰。

十六、猪肺疫

猪肺疫又称猪巴氏杆菌病，俗称“锁喉风”或“肿脖子瘟”。它是由特定血清型的多杀性巴氏杆菌引起的急性或散发性和继发性传染病。急性病例呈出血性败血病、咽喉炎和肺炎的症状，慢性病程主要表现为慢性肺炎症状，呈散发性发生，常是其他病的继发病。

1. 病原 多杀性巴氏杆菌属巴氏杆菌属，为卵圆形小杆菌，革兰氏染色阴性。

2. 流行特点 与其他畜禽一样，在健康猪上呼吸道中常带有本菌，当猪体处于应激状态时，这些菌也可引起发病。因此，不能忽视健康带菌猪在传染源上的作用。

流行性猪肺疫以外源性感染为主。本病多发生于中、小猪，成年猪患病较少。一年四季都可发生，但以秋末春初气候骤变时发病较多，在南方多发生在潮湿闷热及多雨季节。饲养管理不当、卫生条件过劣、饲养和环境的突然变换及长途运输等都可促进本病发生。

3. 症状 根据病程，可分为最急性、急性和慢性3种类型。

（1）最急性型。常见于流行初期，不见明显症状，常突然发生死亡。症状明显的可见体温升高至41℃以上，食欲废绝，精神沉郁，寒战，可视黏膜发绀，耳根、颈、腹等皮肤出现紫红斑。典型的症状是急性咽喉炎，咽喉部急剧肿大，暗紫红色，触诊有热痛，重者可蔓延到耳根或颈部，致使呼吸极度困难，叫声嘶哑，常两前肢分开呆立，伸颈张口喘息，口鼻流出泡沫状液体，有时混有血液，严重时呈犬坐姿势，张口呼吸，最后窒息而死。病程短促，仅1～2 d．所以，一般称之为“锁喉风”。

（2）急性型。主要表现为肺炎症状，体温升至41℃左右，精神差，食欲减少或废绝，病初发生干性短咳，后变湿性痛咳，鼻孔流出浆性或脓性分泌物，触诊胸壁有疼痛感，呼吸困难，可视黏膜发绀，皮肤上有红斑，初便秘，后腹泻，消瘦无力。多4～7 d死亡，不死者常转为慢性。

（3）慢性型。初期症状不明显，继则食欲和精神不振，持续性咳嗽，呼吸困难，渐消瘦，行走无力。有时发生慢性关节炎，关节肿胀，跛行。如不加治疗，常于发病2～3周后衰竭死亡。

4. 诊断 根据流行病学、临床症状和剖检变化，尤其是最急性型病例中的“锁喉风”，结合对病猪的治疗效果，可作出初步诊断。确诊则必须依赖细菌的分离、鉴定及动物抗感染试验。

5. 防治 猪多杀性巴氏杆菌的有些菌株对许多常用的抗生素具有耐药性，因此在做病原分离后或同时，可进行多种药物的体外敏感试验。根据药敏结果，可调整治疗用量，从而达到合理用药。一般而言，多杀性巴氏杆菌对氨苄青霉素、红霉素、庆大霉素、哇诺酮类、增效磺胺敏感。

疫苗对本病的预防有很好的效果。活疫苗在断奶后 15 d 以上注射 1 次，种猪每年注射 2 次。由于每种疫苗都只有一个血清型，因此在有其他血清型的多杀性巴氏杆菌侵入时，也可考虑用自家疫苗来预防。

十七、猪支原体肺炎

本病又称猪气喘病、猪地方性流行性肺炎、猪支原体肺炎，是一种呼吸道飞沫性传染病，多为慢性经过，主要症状为咳嗽和气喘。病变的特征是融合性支气管肺炎。

1. 病原 猪支原体肺炎的病原为猪肺炎支原体，存在于病猪的呼吸道（咽喉、气管、肺组织）、肺门淋巴结和纵隔淋巴结中。

猪肺炎支原体对青霉素及磺胺类药物不敏感，但放线菌素、丝裂菌素、土霉素和卡那霉素、林肯霉素、泰乐菌素、泰妙灵及北里霉素等在临床上对其有明显的治疗效果。一般常用的化学消毒剂和常用的消毒方法均能达到消毒的目的。

在自然感染情况下，继发性感染是引起病势加剧和病猪死亡的重要原因之一。最常见的继发性病原体有巴氏杆菌、肺炎球菌、嗜血杆菌、沙门氏菌、各种化脓性细菌、猪鼻支原体等。

2. 流行特点 本病的自然病例仅见于猪，病猪及隐性带菌猪是本病的传染源。哺乳仔猪常从患病的母猪受到传染。本病一旦传入猪群，如不采取严密措施，很难彻底扑灭。

病原体存在于患猪的呼吸道，由飞沫传播。因此，当健康猪与病猪接近，如同圈饲养，尤其在通风不良、潮湿和拥挤的猪舍，最易发病和流行。

本病一年四季均可发生，没有明显的季节性，但在寒冷、多雨、潮湿或气候骤变时，猪群发病率上升。

3. 症状 本病的主要临床症状为咳嗽与喘气。根据病的经过，大致可分为急性、慢性和隐性 3 种类型，而以慢性和隐性为最多，所有这些类型可随条件的变动而互相转变，不能截然区分。本病的潜伏期为数天至 1 个月以上不等。

（1）急性型。常见于新发生本病的猪群，尤以怀孕母猪及仔猪多见。病猪常无前驱症状，突然精神不振，头下垂，站立一隅或趴伏在地，呼吸次数剧增，每分钟达 60 次甚至 120 次以上。病猪呼吸困难，严重者张口伸舌，口鼻流沫，发出哮鸣声，似拉风箱，数米之外即可听见。呼吸时腹肋部呈起伏运动（腹式呼吸）。此时病猪前肢撑开，站立或犬坐式，不愿卧地。一般咳嗽次数少而低沉，有时也会发生痉挛性阵咳。体温一般正常，但如有继发感染，则常可升至 40℃ 以上。在呼吸极度困难时，病猪不愿采食或少食。急性型的病程一般为 1～2 周，致死率较高。

（2）慢性型。急性型可转变成慢性型，也有部分病猪开始时就表现为慢性型。本型常见于老疫区的架子猪、育肥猪和后备母猪。慢性病猪常于清晨、晚间、运动后及进食后咳嗽，由轻而重，严重时呈连续的痉挛性咳嗽。咳嗽时站立不动，颈伸直，头下垂，直至将呼吸道分泌物咳出咽下为止，或咳至呕吐。随着病程的发展，常出现不同程度的呼吸困难，表现为呼吸次数增加和腹式呼吸（气喘），这些症状时而明显，时而缓和。病猪的眼、鼻常有分泌物，可视黏膜发绀，食欲初时变化不大，病势严重时大减或完全不食。病期较长的仔猪身体消瘦而衰弱，被毛粗乱无光，生长发育停滞。如无继发病，体温一般不高。慢性型病程很长，可拖延2～3月，甚至长达半年以上。饲养条件差则猪抵抗力弱，出现并发症多，致死率增高。

（3）隐性型。可从急性或慢性型转变而成，有的猪在较好的饲养管理条件下，感染后不表现症状，但它们体内存在着不同程度的肺炎病灶，用X线检查或剖杀时可以发现。这些隐性患猪外表没有明显变化，仅个别猪剧烈运动后偶见咳嗽，在老疫区的猪中隐性患猪占有相当大的比例。如饲养管理加强，则病变逐渐消散，经一段时间而康复；若饲养管理恶劣，则病情恶化而出现急性或慢性型的临床症状，甚至死亡。

4. 病变 本病的主要病变在肺、肺门淋巴结和纵隔淋巴结，全肺两侧均显著膨大，有不同程度的水肿。在心叶、尖叶、中间叶（部分病例也在膈叶）出现融合性支气管肺炎变化。其中，病变以心叶、尖叶、中间叶最为显著，而隔叶的病变则多集中于其前下部。早期病变多在心叶上发生，如粟粒大至绿豆大，逐渐扩展，融合成多叶病变（融合性支气管肺炎）。病变的颜色多为淡灰红色或灰红色，半透明状。病变部界限明显，像鲜嫩的肌肉样，俗称“肉变”。病变部切面湿润而致密，常从支气管流出微混浊灰白色带泡沫的浆性或黏性液体。随着病程延长或病情加重，病变部的颜色变深，呈紫红或灰白色带泡沫的浆性或黏性液体，半透明的程度减轻，坚韧度增加，俗称“胰变”或“虾肉样变”。恢复期病变逐渐消散，肺小叶间结缔组织增生硬化，表面下陷，其周围肺组织膨胀不全。肺门淋巴结和纵隔淋巴结显著肿大，呈灰白色，切面外翻湿润，有时边缘轻度充血。

肺部病变的组织学检查可见典型的支气管肺炎变化。小支气管周围的肺泡扩大，泡腔内充满多量的炎性渗出物，并有多数小病灶融合成大片实变区。

5. 诊断 根据临床症状和血清学检查结果，可对本病作出准确可靠的诊断。病原一般分离率不高。

6. 防治

（1）免疫预防和培育健康猪群。目前已研制出疫苗，并进行了免疫试验，具有一定效果。自然康复猪和治愈猪，肺炎病灶消失后的猪具有坚强的免疫性，相隔一定时间后会失去传染性。培育健康猪群是消灭本病最根本的方法，可经传染性试验或经X线复检2～3次后加以确认；也可以获得免疫母猪群作健康群的基础来培养后代健康群；还可剖宫取胎或严格消毒下助产，并在严格隔离条件下进行人工哺乳来培育无气喘病的健康群。

（2）治疗。本病使用土霉素治疗能收到良好效果，卡那霉素治疗效果显著，土霉素和卡那霉素结合交替使用疗效更佳。金霉素、四环素也有一定的疗效。

十八、猪传染性萎缩性鼻炎

猪传染性萎缩性鼻炎是由支气管败血波氏杆菌Ⅰ相菌和产毒素的多杀性巴氏杆菌（主

要为D型）引起的一种慢性呼吸道疾病，其特征为慢性鼻炎、颜面部变形，鼻甲骨尤其是鼻甲骨下卷曲，发生萎缩和生长迟缓，常发生于2～5月龄的猪。

1. 病原　现已公认支气管败血波氏杆菌Ⅰ相菌（简写Bb）是该病主要的病原，其次是产毒素的多杀性巴氏杆菌（简写Pm）。

支气管败血波氏杆菌为革兰氏阴性球杆菌或小杆菌，散在或成对排列，不产生芽孢，能运动，有两极着色的特点。

2. 流行特点　本病在自然条件下仅见猪发生，各种年龄的猪都可感染，常见2～5月龄猪；生后几天至数周的仔猪感染时，症状较重，发生鼻炎后多能引起鼻甲骨萎缩；年龄较大的猪感染时，可能不发生或只产生轻微鼻甲骨萎缩，但一般表现为鼻炎症状，症状消退后可成为带菌猪。

病猪和带菌猪是主要的传染源。本病多数是由有病的母猪或带菌母猪传染给仔猪的，主要通过飞沫经呼吸道感染。所以，如果不从病猪群直接购进猪，一般不发生本病；污染物品及饲养管理用具在传播上也可能起一定作用，但只要停止使用数周，就不会传播。

3. 症状　受感染的仔猪出现鼻炎症状，打喷嚏，呼吸有鼾声，常用前肢搔鼻部，或鼻端拱地，或在墙壁、食槽边缘擦鼻部，从鼻孔流出水样黏性或脓性分泌物，引起不同程度的鼻出血，分泌物中含血丝。经2～3月后，多数病猪病程进一步发展，引起鼻甲骨萎缩。当鼻腔两侧损伤大致相等时，鼻腔的长度和直径减少，使鼻腔缩小，可见病猪的鼻缩短，鼻端向上翘起，鼻背皮肤发生皱褶，下颌伸长，上下门齿错开，不能正常吻合。当一侧鼻腔病变较严重时，可造成鼻子歪向一侧，甚至成45°歪斜。由于鼻甲骨萎缩，致使额窦不能以正常速度发育，以致两眼之间的宽度变窄，头的外形发生改变。

有时鼻炎或继发菌通过损伤的筛骨板侵入脑部而引起脑炎，有时病原侵入肺部发生肺炎，并出现相应的症状。

4. 病变　该病的病理变化限于鼻腔和临近组织。发病早期可见鼻黏膜充血、水肿，有黏性或脓性分泌物，最具特征的病变是鼻甲骨萎缩，特别是鼻甲骨的下卷曲受损害最常见，鼻甲骨下卷曲及鼻中隔失去原有的形状，弯曲或萎缩。鼻甲骨严重萎缩时使腔隙增大，鼻甲骨完全消失，上下鼻道界限消失常形成空洞。

5. 诊断　在临床上出现典型症状时可作出诊断。必要时，可进行病原的分离和鉴定。

6. 防治

（1）免疫接种。现有两种疫苗，Bb（Ⅰ相菌）灭活油剂苗和Bb－Pm灭活油剂二联苗。可用于母猪产仔前2个月及1个月分别接种，以提高母源抗体滴度，保护仔猪出生后几周内不受本病感染，也可给1～3周龄仔猪1周间隔注射2次。目前看，以二联苗效果最好。

（2）药物防治。为了控制仔母链传染，应在母猪妊娠最后1个月内给予预防性药物。饲料中常用磺胺嘧啶100 g/t和土霉素400 g/t。仔猪在出生3周内，最好注射敏感的抗生素3～4次，或鼻内喷雾，每周1～2次，每鼻孔0.5 mL，直到断奶为止。育成猪也可用磺胺或抗生素防治，连用4～5周，育肥猪宰前应停药。

十九、猪传染性胸膜肺炎

猪传染性胸膜肺炎是由胸膜肺炎放线杆菌引起的猪的一种呼吸道传染病，临床上以胸膜肺炎为特征，急性病例死亡率较高，慢性病例常可耐过。

1. 病原　病原为胸膜肺炎放线杆菌，革兰氏染色阴性，为多形态的小球杆状菌，病料中的病菌染色检查可见两极着色特点。本菌对外界环境的抵抗力不强，常用的消毒药可将其杀死。

2. 流行特点　病猪和带菌猪是本病的传染源，通过飞沫或直接接触而传播，公猪配种也可传播。各种年龄的猪均易感，但以3月龄猪最易感。急性型发病率很高，病死率为0.4%～100%，一年四季均可发生，以冬季和春季发病率较高。

3. 症状

(1) 最急性型。猪突然发病，体温升至41.5℃以上，呼吸高度困难，常呈犬坐姿势，从口鼻流出血色带泡沫的分泌物，个别猪无明显症状即死亡。

(2) 急性型。较多的病猪呈此种类型，体温40.5～41℃，不食，咳嗽，呼吸困难，心跳加快。受饲养管理条件和气候影响，病程长短不定，可转为亚急性或慢性。

(3) 亚急性或慢性型。体温不高，全身症状不明显，只见间歇性咳嗽，生长迟缓，有的呈隐性感染。

4. 病变　病变主要是肺炎和胸膜炎。根据病程长短稍有差异。一般特点是：气管和支气管内有大量血色液体和纤维素，黏膜水肿，出血和增厚；肺充血、肿大、出血，间质水肿和肝变，病程长者有大小不等的坏死灶和脓肿；胸腔积液，胸膜表面覆有纤维素，病程较长者，胸腔内脏常与胸膜发生粘连。

5. 诊断　根据流行病学、症状和剖检，可作出初步诊断，确诊可进行细菌分离与鉴定。

6. 防治

(1) 预防。加强饲养管理和卫生措施，减少各种应激因素；防止由外场购入慢性隐性猪和带菌猪；感染猪群可用血清学方法检查，清除隐性和带菌猪，重建健康猪群。国内以血清7型菌制备的油佐剂灭活苗对断奶仔猪免疫有一定效果。

(2) 治疗。发现病猪要早期及时治疗，青霉素、氨苄青霉素、增效磺胺药物、卡那霉素、四环素、新霉素及泰乐菌素等用于注射，疗效较好。

二十、猪弓形虫病

猪弓形虫病是由刚地弓形虫寄生于各种动物细胞内引起的一种人兽共患的原虫病，以患病动物的高热、呼吸及神经系统症状、死亡和妊娠动物的流产、死胎及胎儿畸形为特征。

1. 病原　刚地弓形虫，为细胞内寄生虫。

2. 流行特点　弓形虫是一种多宿主原虫，对中间宿主的选择不严。病畜和带虫动物的脏器和分泌物、粪、尿、乳汁、血液及渗出液，尤其是猫随粪排出的卵囊污染的饲料和饮水都是主要的传染源。猪主要是经消化管吃入被卵囊或带虫动物的肉、内脏、分泌物等污染的饲料而感染。速殖子也可能通过口、鼻、咽、呼吸道黏膜及受损的皮肤而进入猪体内。也可通过胎盘感染。

弓形虫病的发生一般不受气候的限制。但据报道，以夏、秋季发生为多。

3. 症状　根据感染猪的年龄、弓形虫虫株的毒力、弓形虫感染的数量以及感染途径等的不同，其临床表现和致病性都不一样。一般猪急性感染后，经3～7 d的潜伏期，呈现和猪瘟极相似的症状：体温升高至40～42℃，稽留7～10 d，病猪精神沉郁，食欲减少或废绝，但常饮水，伴有便秘或下痢，后肢无力，行走摇晃，喜卧，鼻镜干燥，被毛逆立，结膜潮红。随着病程发展，耳、鼻、后肢股内侧和下腹部皮肤出现紫红色斑或间有出血点。严重时呼吸困难，并常因呼吸窒息而死亡。

急性发作耐过的病猪一般于两周后恢复，但往往遗留有咳嗽，呼吸困难及后躯麻痹，斜颈，癫痫样痉挛等神经症状。

怀孕母猪若发生急性弓形虫病，则表现为高热，废食，精神委顿和昏睡，此种症状持续数天后可产出死胎或流产，即使产出活仔也会发生急性死亡或发育不全，不会吃奶或畸形怪胎。母猪常在分娩后迅速自愈。

4. 病变　发病后期，病猪体表尤其是耳、下腹部、后肢和尾部等因瘀血及皮下渗出性出血而呈紫红斑。内脏最具特征的病变是肺、淋巴结和肝，其次是脾、肾、肠，有多量带泡沫的浆液。全身淋巴结有大小不等的出血点和灰白色的坏死点，尤以鼠蹊部和肠系膜淋巴结最为显著。肝肿胀并有散在针尖至黄豆大的灰白或灰黄色的坏死灶；脾在病的早期显著肿胀，有少量出血点，后期萎缩；肾的表面和切面有针尖大出血点；肠黏膜肥厚、糜烂，从空肠至结肠有出血斑点。

5. 诊断　根据临床症状、流行病学和病理剖检可作出初步诊断，确诊必须查出病原。病原检出有以下几种方法：

（1）直接涂片。取病畜或病尸的肺、肝淋巴结或体液作涂片或压片，自然干燥后，甲醇固定，吉姆萨或瑞氏染色检查虫体。此法的检出率一般较低。

（2）集虫法检查。取肺或淋巴结研碎后加10倍生理盐水过滤，500 r/min，离心3 min，沉渣涂片，干燥，用瑞氏或吉姆萨染色检查。

（3）血清学试验。目前国内应用较广的是间接血凝试验。

6. 防治

（1）预防。畜舍应经常保持清洁，定期消毒，一般消毒药剂如1%来苏儿溶液、3%氢氧化钠溶液、5%热草木灰液和1%～3%石灰水等都可用。猪场内禁止养猫，并经常灭鼠，防止猫、鼠及其排泄物对畜舍、饲料和饮水的污染。

流产的胎儿及排出物，死于本病的病畜尸体等应严格处理，防止污染环境。在该病的易发季节，可用药物预防。

（2）治疗。猪弓形虫病的有效治疗主要是磺胺类药物，抗生素类药物，如青霉素、四环素、土霉素、卡那霉素及链霉素均对弓形虫病无治疗效果，但有预防继发感染的作用。

磺胺嘧啶（SD）＋甲氧苄氨嘧啶（TMP），前者每千克体重70 mg，后者每千克体重14 mg，每天2次，连用3～5 d。

二十一、猪疥螨病

猪疥螨病是由疥螨科疥螨属的猪疥螨寄生于猪的皮肤内而引起的一种接触感染的慢性皮肤寄生虫病，是以皮肤剧痒和皮肤炎症为主要特征、各种年龄和品种的猪都能感染的一种寄生虫病。

1. 病原 成虫圆形，浅黄白色或灰白色，背面隆起，腹面扁平。

2. 流行特点 猪疥螨的感染途径为直接或间接接触感染。发病季节为秋冬和早春，该时期光照不足，圈内湿度增大，有利于猪疥螨的发育、繁殖和蔓延，从而引起猪疥螨的发生和流行。春末夏初，猪体换毛，猪舍窗户打开，通风改善，户外活动增多，阳光充足，尤其在夏季，环境不利于疥螨的发育和存活，病猪症状减轻。

营养不良而瘦弱的猪，患其他疾病机体抵抗力降低及幼龄猪都可感染本病，病情严重，症状明显。随着年龄的增长，抗螨免疫性增强以及营养状况良好的猪，疥螨的繁殖慢，症状减轻或不发病。

3. 症状 猪体皮肤发痒。患猪不断蹭痒，最初皮屑和被毛脱落，之后皮肤潮红，浆液性浸润，甚至出血，渗出液和血液干涸后形成痂皮。由于猪不断蹭痒，痂皮脱落，再形成，久而久之，皮肤增厚，粗糙变硬，失去弹性或形成皱褶和龟裂。通常病变开始于头部、眼窝、颊及耳部，之后蔓延到颈部、肩部、背部、躯干两侧和四肢。

由于皮肤剧痒，皮肤机能遭到严重破坏，同时影响猪的采食和休息，致使猪体营养不良，逐渐消瘦，发育受阻或停滞，成为僵猪，甚至引起死亡。

4. 诊断 根据流行病学特点、发病季节、阴暗潮湿环境和临床表现剧痒与皮肤炎症，即可作出初步诊断，确诊要靠试验诊断。方法如下：

从患病部位皮肤与健康皮肤交界处，剪毛，刮下表层痂皮，然后用蘸有水、甘油、煤油及液体石蜡或5%氢氧化钠溶液的凸刃小刀，刀刃与皮肤表面垂直，刮取皮屑，刮至皮肤微微出血为止，将刮下的皮屑病料，涂在载玻片上，滴加一些液体石蜡、50%甘油水溶液或10%氢氧化钠溶液，镜检观察活螨。

5. 治疗 猪疥螨的治疗须采取综合措施。首先彻底检查，隔离治疗，为使药物与虫体充分接触，将患部及周围3～4 cm处的被毛剪去，用温肥皂水彻底洗刷掉硬痂，然后再用2%的来苏儿洗刷一次，擦干后涂药。常用0.5%～1%敌百虫水溶液涂擦或喷洒患部，用0.05%辛硫磷或0.025%～0.05%蝇毒磷药液喷雾或药浴。还可用伊维菌素、螨净、杀虫脒等。为了达到彻底治愈的目的，须重复用药，加强饲养管理，并注意环境消毒，防止病原散布。

二十二、猪圆环病毒病

猪圆环病毒病是由猪圆环病毒Ⅱ型（PCV－Ⅱ）引起的以断奶后多系统衰竭以及皮炎肾病为特征的一种免疫抑制性传染病，主要表现为体质下降、消瘦、苍白、腹泻、皮肤形成红紫色斑点。

1. 病原 猪圆环病毒Ⅱ型（PCV－Ⅱ）属于圆环病毒科圆环病毒属单股DNA，无囊膜，是动物病毒中最小的成员之一。PCV－Ⅱ对酸、氯仿、高温有一定的抵抗力。

2. 流行特点 本病主要感染断奶后仔猪，哺乳猪也有发病。采取早期断奶的猪场，10～14日龄断奶猪也可发病。一般本病集中于断奶后2～3周龄和5～8周龄的仔猪。饲养条件差、通风不良、饲养密度高、不同日龄猪混养等应激因素，均可使病情加重。

3. 症状 猪圆环病毒侵害猪体后引起多系统进行性功能衰弱，临床症状表现为生长发育不良和消瘦，皮肤苍白，肌肉衰弱无力，精神差，食欲不振，呼吸困难。有20%的病例出现贫血、黄疸，具有诊断意义。但慢性病例难于察觉。在猪繁殖呼吸障碍综合征（PRRS）阳性猪场中，由于继发感染，还可见有关节炎、肺炎，给诊断带来一定难度。

4. 病变　典型病例死亡的猪尸体消瘦，有不同程度的贫血和黄疸。淋巴结肿大4～5倍，在胃、肠系膜、气管等淋巴结尤为突出，切面呈均质苍白色。肺部有散在隆起的橡皮状硬块。严重病例肺泡出血，在心叶和尖叶有暗红色或棕色斑块。脾肿大，肾苍白有散在白色病灶，被膜易于剥落，肾盂周围组织水肿。胃在靠近食管区常有大片溃疡形成。盲肠和结肠黏膜充血、有出血点，少数病例见盲肠壁水肿而明显增厚。

5. 诊断　根据临床症状和淋巴组织、肺、肝、肾特征性病变及组织学变化，可以作出初步诊断。确诊还需进行病毒分离和鉴定。还可应用免疫荧光或原位核酸杂交进行诊断。

6. 防治　目前尚无有效疗法，主要加强饲养管理和兽医防疫卫生措施。一旦发现可疑病猪及时隔离，并加强消毒，切断传播途径，杜绝疫情传播。

能力转化

1. 猪瘟的症状特点有哪些？如何预防和扑灭猪瘟？
2. 简述猪丹毒、猪肺疫、仔猪副伤寒和猪瘟鉴别诊断要点。
3. 简述猪水疱病与猪口蹄疫的鉴别诊断要点。
4. 简述猪传染性胃肠炎、流行性腹泻的鉴别诊断要点。
5. 简述猪附红细胞体病的防治措施。
6. 防治猪伪狂犬病有哪些措施？
7. 猪的繁殖障碍疾病有哪些？如何鉴别？
8. 猪链球菌病的临床特征是什么？
9. 简述猪萎缩性鼻炎的主要临床症状。
10. 简述猪疥螨病的净化措施。
11. 简述猪气喘病的临床特征。

项目三 常见普通病的防治

知识储备

一、产后瘫痪

产后瘫痪也称乳热，是母猪在分娩前后突然发生的以肌肉松弛、昏迷和低血钙为主要特征的一种代谢病。

1. 病因 本病的确切病因尚未充分揭示，一般认为是由于钙的吸收减少、排泄过多所引起的钙代谢急剧失调。

2. 症状 病初表现为神色不安，食欲减退，体温正常，随即躺卧，肌肉松弛，昏迷，反射消失，泌乳大减或停止。实验室检查血钙降低。

3. 治疗 产后瘫痪发病急，病程短，尽早实施治疗是提高治愈率的有效措施。本病的治疗方法包括钙剂疗法和对症疗法。

（1）钙剂疗法。10%葡萄糖酸钙 200 mL，静脉注射，每天 1 次，连用3～5d。

（2）对症疗法。包括补液，强心，维持体内酸碱平衡和电解质平衡。

二、硒缺乏症

1. 病因 硒缺乏症主要由饲料（植物）硒含量的不足或缺乏引起。本病的发生具有地区性，即发病地区与缺硒地带相适宜。但随着饲料工业和交通运输的发展，在非缺硒地区，由于从缺硒地区购进原料，也可发生本病。另外，各种应激因素的作用均可诱发本病。

2. 症状 由于硒缺乏症病型的不同、年龄的不同，所呈现的症状也不完全一样，但共同症状有运动功能、消化功能、心脏功能及繁殖功能障碍，神经功能紊乱，生长发育不良，体质弱，可视黏膜苍白、黄染。

仔猪硒缺乏症主要表现为肌营养不良、桑葚心病、肝营养不良。肌营养不良多见于1～3 月龄或断奶后的育成猪，急性型见于发育良好的仔猪，往往无先驱症状而突然发病死亡。亚急性型及慢性型则表现为精神沉郁，食欲不振或废绝，腹泻，心跳加快，心律不齐，呼吸困难，肌肉松弛，不愿活动，运动障碍。桑葚心病多见于外观发育良好的仔猪，往往无明显症状或仅在短时间内出现沉郁、尖叫，继而抽搐死亡。肝营养不良表现为可视黏膜黄染，呕吐，腹泻，粪便呈煤焦油状。

成年猪硒缺乏症的临床症状与仔猪相似，但病程长，呈慢性经过。此外，表现繁殖功能障碍，母猪屡配不孕，妊娠母猪流产、死胎，所产仔猪孱弱。

3. 病变　硒缺乏症主要表现为骨骼肌苍白，呈煮肉或鱼肉样外观，并有灰白或黄白色条纹或斑块状变性、坏死区，呈双侧对称性发生。心肌扩张，体积增大，心肌弛缓、出血，有灰白色变性坏死灶，心内、外膜出血，心包积液，称桑葚状心。急性肝肿大，质地脆弱，呈槟榔样外观，慢性肝萎缩，且表面粗糙，凹凸不平。

4. 防治　对症治疗，根据病猪所呈现的具体症状，选用相应的药物进行治疗。可用亚硒酸钠注射液（0.1%），成年猪 10～15 mL，6～12 月龄猪 8～10 mL，2～6 月龄猪3～5 mL，仔猪 1～2 mL，肌内注射。治疗时，首次用药后间隔 1～3 d，再给药 1～2 次。预防时，自妊娠后期（分娩前 2～3 周）注射 1 次，新生仔猪于生后 1～3 日龄、15 日龄、30 日龄各注射 1 次，以后间隔 1～6 周注射 1 次，直到断奶后两个月为止。如果饲料中添加亚硒酸钠，应使日粮实含硒量 0.1 mg/kg 为宜。

维生素 E 与亚硒酸钠合并使用，可明显提高防治效果。

三、铁缺乏症

1. 病因　多由于饲料中缺乏铁，铁摄入量不足或丢失过多而导致，常见于仔猪。

2. 病状　本病以 3 周龄左右的仔猪发病率最高，表现为贫血（低染性，小细胞性贫血），心肌、膈肌、骨骼肌的肌红蛋白浓度下降，含铁酶活性下降。仔猪发病后采食量下降，腹泻，但粪便颜色无异常，严重者呼吸困难，昏睡，运动时心搏加剧，可视黏膜淡染，甚至苍白。白色仔猪黏膜淡黄，头部、前躯水肿。易诱发仔猪白痢。剖检可见心肌松弛，心包液增多，肺水肿，胸腹腔充满清亮液体，血液稀薄如红黑水样，不易凝固。

3. 防治　必须立足于给仔猪补铁，改善仔猪的饲养管理，让仔猪有机会接触垫草或泥土，每天供给几颗带泥的新鲜蔬菜，可防止仔猪缺铁性贫血。可口服或肌内注射铁制剂，生后 2～4 d 补充 1 次，10～14 d 再补充 1 次；用 1～2 mL 葡聚糖铁钴注射液或山梨醇铁柠檬酸复合物、葡萄糖酸铁等，也可有效地防止仔猪缺铁性贫血。

仔猪应尽可能提前开食，2 周龄即可试补食。

四、维生素 D 缺乏症

1. 病因　饲料中维生素 D 缺乏或皮肤的阳光照射不足，是引起本病的根本原因。断奶过早，且饲料日粮中维生素 D 或钙、磷含量不足，或其比例不当，以及仔猪生长过速维生素 D 的需要量增多也可导致本病。患胃肠疾病致维生素 D 吸收、利用障碍，肝、肾疾病致维生素 D 的羟化作用受阻，都不能使维生素 D 转变为具有生理活性的 1，25-二羟维生素 D，导致血中钙、磷沉积降低。一般仔猪出现佝偻病，种猪（成年）易发生骨软症。

2. 症状　早期食欲减退，消化不良，精神委顿，然后出现异嗜。发育迟滞，消瘦，出牙期延长，齿形不整齐，钙化不良。面骨、躯干、四肢骨骼变形，腹泻，咳嗽，贫血，仔猪常跪地，发抖，后期由于硬腭肿胀，口腔闭合困难。

3. 防治　采用维生素 D_2（骨化醇胶性钙）注射液，0.5 万 IU，肌内注射；维生素 D_3 注射液，成年猪每千克体重注射 1 500～3 000 IU，仔猪每千克体重注射 1 000～1 500 IU。

对妊娠、泌乳母猪除保证全价饲料外，还应补给钙、磷和维生素 D，仔猪应常进行户外运动，接受阳光照射。

五、食盐中毒

1. 病因 当日粮中添加食盐比例过高，或使用了含盐量极高的劣质鱼粉而仍按常规比例配合饲料，或由于添加的食盐拌和不均匀时，常可使畜禽摄入过多的食盐，在饮水不足的情况下，易造成食盐中毒。另外，猪在营养不良、维生素 E 及氨基酸缺乏、身体衰弱等情况下易发此病。一般认为仔猪对食盐较成年猪敏感，引起猪急性食盐中毒的剂量为每千克体重 1～2 g。

2. 症状 最急性型为一次食入大量食盐而发生肌肉震颤，阵发性惊厥，昏迷，倒地，两天内死亡。

急性型为吃到较少量食盐，饮水不足时，经过 1～5 d 发病，表现为食欲降低，口渴，流涎，头碰撞物体，步态不稳，回旋运动，呈间歇性癫痫样神经症状，一天内可发作数次。发作时，颈肌抽搐，不断咀嚼流涎，犬坐姿势，张口呼吸，皮肤黏膜发绀。末期后躯麻痹，卧地不起，常在昏迷中死亡。

3. 病变 胃肠黏膜充血、出血、水肿，镜检大脑组织毛细血管内皮细胞肿胀，增生，核空泡、变性，大脑血管周围的嗜酸性粒细胞浸润，形成明显的嗜酸性粒细胞管套。

4. 防治 饲料中的食盐用量应按规定标准添加，并搅拌均匀，保证动物自由饮水。生长育肥猪的配合饲料中食盐含量的卫生标准为 0.15%～0.5%。

无特效治疗药物，应立即更换可疑饲料，逐渐增加供水量，采取少量多次给予方法，避免一次大量供水，否则会造成组织进一步水肿，病情加剧。

六、难产

母猪骨盆入口直径比胎儿最宽处的横断面长两倍，很容易产出胎儿，因此，难产的发生率仅为 0.25%～2%。

1. 病因 内分泌因素、营养不足、运动不足及过度肥胖等引起原发性子宫收缩无力是难产的最常见原因。其他的原因还有：由于胎位不正和产道堵塞使分娩延长，导致子宫和母体衰竭而引起继发性子宫收缩微弱；母猪子宫畸形，产道不同程度的堵塞，如膀胱膨胀、便秘、阴道瓣坚韧、阴门血肿、反复接产引起的生殖道水肿等因素均可阻止胎儿排出；当母猪怀胎儿较少，胎儿过大，或分娩时胎位不正，或胎儿畸形时，母猪都可能发生难产。

2. 症状 阴部充血水肿，流有黏液和少量血液及胎粪，食欲减退，乳房膨大发红，漏出乳汁。母猪超过预产期仍没有努责反应，或频频阵缩和努责，腹肌收缩或频频举尾，但不见胎儿产出。先前有努责并产出 1 头或几头仔猪后分娩停止，母猪反复起卧，或在猪舍内徘徊，极度不安，陷于疲倦，而横卧于地并呈现疼痛状。

3. 治疗 对于子宫收缩微弱引起的难产，可每 15～30 min 肌内注射或皮下注射催产素 20 万～50 万 IU，5～10 min 即可见子宫收缩，引起阵痛，胎儿自行产出。有时可用人工助产法拉出胎儿。

如膀胱积尿膨胀时，可强制性将母猪赶出产房运动 5～10 min，常能取得效果。有时可用导尿管导尿。

坚韧的阴道瓣可以用手捅破或用剪刀剪开，使产仔正常进行。发生便秘时，先用矿物油软化粪便，然后用手掏空直肠，或用刺激性小的肥皂水灌肠。阴门血肿或出血时，要将阴门壁血管结扎或压迫，进行止血。胎儿绝对过大牵拉不出来时，可实行截胎术或剖宫产。

七、产褥热

由于母猪产后局部炎症扩散而发生的一种全身性疾病，称为产褥热（又称产后败血症）。

1. 病因　母猪产后软产道受伤，局部发生炎症，病原菌主要是链球菌、金黄色葡萄球菌、化脓性棒状杆菌及大肠杆菌等，这些病原菌进入血液，大量繁殖，产生毒素，引起一系列的全身性严重变化。

2. 症状　产后 2～3 d 体温升高到 41℃左右，称稽留热，四肢末端及两耳发凉。脉搏增数，呼吸短促，食欲不振或废绝。精神沉郁，卧地不起，泌乳减少或停止，下痢。患猪从阴门中排出恶臭味、褐色炎性分泌物，内含组织碎片。病程一般为亚急性经过。如果治疗及时，患猪预后良好；若治疗不及时，可引起死亡。

3. 治疗　首先肌内注射青霉素、链霉素各 150 万～200 万 U，每天两次，连用 2～3 d，同时注射 10%安钠咖 5～10 mL，再注射 10%～20%葡萄糖注射液 300～500 mL 加 5 %碳酸氢钠溶液 100 mL。若子宫有炎症，皮下或肌内注射垂体后叶素 2～4 mL，促使炎性分泌物排出。切勿冲洗子宫，以防感染恶化。

能力转化

一、名词解释

产后瘫痪　产褥热

二、问答题

1. 猪产后瘫痪有哪些主要的临床症状？如何治疗？
2. 猪的硒缺乏症主要病因及临床症状是什么？如何防治？
3. 怎样防治猪的铁缺乏症？
4. 如何防治猪的维生素 D 缺乏症？
5. 怎样预防猪食盐中毒？
6. 猪难产时如何治疗？
7. 猪产褥热的病因、临床症状怎样？如何治疗？

实验实训

实验实训1　猪的品种识别

【目的要求】　通过本次实习，使学生熟练掌握常见的猪品种的特征。

【训练内容】　品种识别。

【训练条件】　多媒体猪品种幻灯片（或录像片）、挂图等。

【操作方法】

1. 猪的起源与进化　猪在动物分类学上的位置是：动物界；脊椎动物门；哺乳纲，有胎盘亚纲；偶蹄目，不反刍亚目；猪科，真猪亚科；猪属；野猪种；家猪变种。

家猪是陆地上有胎盘亚纲中牙齿数量最多的动物，成年猪有44枚。

2. 地方品种　详见第三单元项目二。

3. 引入品种　我国引入猪品种有几十个。这些猪的主要作用是改良我国的地方品种猪。

【实训报告】　根据幻灯片或录像片观察的猪种，按其品种、外貌特征写出实训报告。

实验实训2　猪的生物学特性观察

【目的要求】　通过本次实习，进一步了解和掌握猪在生产上比较重要的一些生活习性和行为特点，为今后的生产、科研服务。

【训练内容】　观察猪的生物学特性。

【训练条件】　猪群、猪的生物学特性观察记录表、计时器等。

【操作方法】

1. 在猪群里选定1头猪，作为观察对象。

2. 在不同的时间区段内观察猪的行为变化和各个生活习性的表现。

3. 分别连续观察不同年龄阶段和不同生理阶段的猪。

【实训报告】　根据对猪的观察，按其生活习性和行为特性写出实训报告。

实验实训3　猪的体尺测量与体重估测

【目的要求】　通过本次实习操作，了解猪的体表名称，掌握体尺测量和体重估测方法。

【训练内容】　猪的体尺测量与体重估测。

【训练条件】　活体猪、皮尺、测杖、计算器等。

【操作方法】　猪的生长发育是有规律的，在一定时间内，猪体表面的各个器官都有不同的生长发育特征，进行体尺的测量和比较是科学系统地了解和掌握体表变化的主要手段。猪的体重和猪的体尺变化相关性比较大，我们通过几个体尺的测量能够估算出猪的大约体重，在没有称量工具时，可以运用此方法，且误差不会太大。

1. 猪的体尺测量

（1）猪的体长。测量位置是从两耳根连线的中点沿背线达到尾根的长度。用软尺测量。

（2）猪的胸围。测量起止位置是肩胛骨后缘绕体一周的长度。用软尺测量。

（3）猪的胸深。测量起止位置是在肩胛骨后缘测得鬐甲到胸骨的距离。用测杖测量。

（4）猪的腿臀围。测量起止位置是从距尾根 20 cm 处的背线上为起点，下行到大腿的内侧，再到尾根，再到起点的长度。用软尺测量。

（5）猪的腿围。测量起止位置是从猪的一侧膝关节经过肛门达到另一侧膝关节的长度。用软尺测量。

2. 猪的体重估测　公式1：

$$估测体重=\frac{胸围\times体长}{系数}$$

式中：体重单位为 kg，胸围单位为 cm，体长单位为 cm。当猪的体况良好时，系数为 142；当猪的体况不好时，系数为 162；当猪的体况一般时，系数为 156。

公式2：

$$估测体重=\frac{(胸围)^2}{15\ 200}\times体长$$

此公式的基础是以猪体重 65.25～80 kg 为准的，当得到的数据不在此范围时需要校正，其校正值见表实训-1。

表实训-1　用体尺测量猪体重时的校正值

体重（kg）	65.25以下	62.25～80	80.5～191.5	192～202.5	203～214	214.5～225	225.5～236.5	237～242.5	243～259
校正值	+3	0	−4.5	−9	−13.5	−18	−22.5	−27	−31.5

【实训报告】　根据猪的体尺测量与体重估测的内容和方法，写出实训报告。

实验实训4　猪的外貌鉴定技术

【目的要求】　通过实习，使学生熟练掌握有关猪的外貌鉴定技术，清楚有关方法步骤。

【训练内容】　猪的外貌鉴定技术。

【训练条件】　种用公、母猪。

【操作方法】　猪的机体是一个有机整体，各个组织、器官间存在着联系和相关性。各个组织、器官的好坏直接影响猪的生产性能，同样也影响着猪的外型。所以通过猪的外部形态就可以间接地了解和掌握猪的生产性能的高低。

1. 种用猪的鉴定　种用猪的鉴定首先必须要以本品种的要求为模本，在头形、耳形、体型、毛色等方面全面考虑，要求符合本品种的要求。其次，必须按理想型的要求进行鉴定，对与繁殖有关的部位和器官要重点进行考察鉴定。

2. 商品猪的鉴定　商品猪的鉴定要按理想型的要求进行鉴定。对于完全符合要求的给5分；对有微小缺陷，不属于体质结构的给4分；缺陷较多但不影响健康或生产力的给3分；缺陷严重体质不良，有遗传损征的给2分；不能给半分。鉴定标准示例见表实训-2。

表实训-2　长白猪五分制评分标准

项目	说　明	给分
一般外貌	大型猪体型发育充分，体躯舒展呈流线型	5
	头颈轻，体身长，后躯发达，体高适中，背线微弓，腹线略平直，各部十分匀称，体紧凑	10
	性格温驯活泼，品种特征明显，体质强健	5
	白色被毛，有光泽，皮肤光滑，无皱，无斑	5
头颈	头轻，颜面长，鼻直，肩宽，腭正，颊紧凑，眼睛温驯而活泼，耳中等前倾遮盖颜面，两耳距宽	3
	颈稍长，头和肩平滑而自然	2
前躯	前躯轻而紧凑，颈肩结合良好，前肢和肩结合良好，胸部深而充实，前胸宽	15
中躯	背腰长，前后结合良好，背腰平直，肋骨开张良好，腹深，体紧凑，丰满，下欣部充实	20
后躯	臀部宽长，尾根高，大腿充实，后躯丰满，胃长短适中	20
乳房与外生殖器	乳房形状良好，乳头数在12个以上，排列整齐，生殖器发育正常，性能良好	5
肢蹄	四肢长而结实，肢间距宽，飞节强健，管部不过粗，很结实，系部有弹力，蹄质良好，左右一致	10
总计		100

【实训报告】　根据猪的外貌鉴定内容和方法，写出实训报告。

实验实训 5　母猪发情鉴定

【目的要求】　学会判断母猪最适配种时期。

【训练内容】

1. 母猪发情行为观察。

2. 发情鉴定。

【训练条件】　在规模化猪场寻找一定数量处于发情前期、发情期、发情后期、间情期的母猪，记录本、医用棉签、试情公猪。

【操作方法】　发情鉴定人员经过更衣消毒后，带着记录本进入母猪舍，在工作道上逐栏进行详细观察，也可以在该舍饲养员的指导下，重点寻找根据后备母猪年龄推算出来的将要发情母猪或是断奶后 1 周左右的母猪。

1. 观察母猪的发情行为　发情母猪表现为兴奋不安，有时哼叫，食欲减退。非发情母猪食后上午均喜欢趴卧睡觉，而发情的母猪却常站立于栏门处或爬跨其他母猪。将公猪赶入圈栏内，发情母猪会主动接近公猪。发情鉴定人员慢慢靠近疑似发情母猪臀后认真观察阴门颜色、状态变化。白色猪阴门表现潮红、水肿，有的有黏液流出。黑色猪或其他有色猪，只能看见水肿及黏膜变化。

2. 发情鉴定方法

（1）阴门变化。将疑似发情母猪赶到光线较好的地方或将舍内照明灯打开，仔细观察母猪阴门颜色、状态。白色猪阴门由潮红变成浅红，由水肿变为稍有消失出现微皱，阴门较干，此时可以实施配种。如果阴门水肿没有消失迹象或已完全消失，说明配种适期不到或已过。

（2）阴道黏液法。仔细观察疑似发情母猪阴道口的底端，当阴道口底端流出的黏液由稀释变成黏稠。用医用棉签蘸取黏液，其黏液不易与阴道口脱离，拖拉成黏液线时，说明此时是配种最佳时期应进行配种。

（3）试情法。将疑似发情母猪赶到配种场或配种栏内，让试情公猪与疑似发情母猪接触，如果疑似发情母猪允许试情公猪的爬跨，说明此时可以进行本交配种。如果不接受公猪的爬跨，说明此时不是配种佳期。

（4）静立反应检查法。将疑似发情母猪赶到静立反应检查栏内，检查人员站在疑似发情母猪的侧面或臀后，双手用力按压疑似发情母猪背部（30 kg 左右压力），如果发情母猪站立不动，出现神情呆滞，或两腿叉开，或尾巴甩向一侧出现接受配种迹象，说明此时最适合本交配种。国外发情鉴定人员的做法是，将公猪放在邻栏，发情鉴定人员侧坐或直接骑在疑似发情母猪背腰部，双手压在母猪的肩上，如果疑似发情母猪站立不动，说明此时是最适合本交配种时期。实践证明，公猪在场，利用公猪的气味及叫声可增加发情鉴定的准确性。

生产实践中，多采取观察阴门颜色、状态变化，阴道黏液黏稠程度，静立反应检查结果等各项指标进行综合判断。

【实训报告】 填写母猪发情鉴定表（表实训-3）。

表实训-3 母猪发情鉴定表

栋栏号	母猪品种	母猪耳号	所用方法				鉴定结果
			阴门变化	阴道黏液	试情法	静立反应	

实验实训6 猪的人工授精技术

【目的要求】 通过本次实习的操作，进一步了解猪发情的变化规律，掌握配种的最佳时机，熟练地进行人工授精操作。

【训练内容】 种公猪的采精和发情母猪的人工授精操作。

【训练条件】 高压蒸汽消毒器、乳胶手套、集精杯、生物显微镜及显微镜保温箱、猪用输精胶管，20 mL注射器或精液瓶、高压蒸汽灭菌器、温度计、电冰箱、电炉、药棉、纱布、棉塞、毛巾、软木塞，75%酒精、新洁尔灭、洗涤剂、生理盐水、用于配制稀释液的各种化学用品或药品、假台猪、种公猪、发情母猪等。

【操作方法】 通过人工采精和授精的方法完成猪的受精过程，称为猪的人工授精技术。在人工条件下，猪的精子能够存活一定的时间，具备受精能力。通过人工授精的方法，可以提高公猪的利用率，降低生产成本。

1. 采精 采用手握式采精。当种公猪爬跨于假台猪上时，采精人员应蹲于假台猪右侧，当公猪逐渐伸出阴茎时，采精员应将手掌握成空拳使公猪阴茎导入其内。待公猪阴茎在空拳内来回抽转一定时间后，并且螺旋状阴茎龟头已伸露于掌外时，应由松到紧并带有弹性节奏地收缩握紧阴茎，不再让其转动和滑脱，稍后应顺势牵引向前将其带出（千万不能强拉），手掌继续作有节奏的一紧一松的弹性调节，直到引起公猪射精。射精时可暂时停止弹性调节，但在各个阶段的射精暂停时，又要恢复弹性调节，直至采完全部精液为止。在采精过程中，应注意保护公猪的阴茎头，以免擦伤。

2. 精液收集 公猪射精，最先排出稀薄的副性腺液体时，可不必收集。当有乳白色的精液射出时，即用盖有无菌滤过纱布的集精杯盛接。在寒冷季节里，集精杯应给予保温措施。

3. 精液品质外观检查 精液采出后，测定其精液量，观察精液色泽，嗅闻气味。成年公猪在正常的饲养管理条件下，一次射精量平均为250 mL（150～500 mL）。正常精液的色泽为灰白色或乳白色，稍有腥味。凡呈现粉红、黄绿及褐色带有腐败气味的精液均不得使用。

4. 精液的显微镜检查

（1）精子活率的测定

①用无菌玻璃棒蘸取混合均匀的精液一滴，用压片法立即在200～600倍显微镜下检查。

②检查精子活率用的显微镜载物台应保持37～38℃，载玻片和盖玻片也要先加热。

③用在显微镜视野下观察呈直线前进运动的精子数占全部精子数的百分率来评定精子活率。100%的精子呈直线前进运动者，评为1.0；90%的精子呈直线前进运动者则评为0.9，依此类推。

(2) 精子密度检查。采用血细胞计计数法，也可运用光电比色计精子密度测定法来推算。一般用前者的比较多。要求每周检测1次。

采用血细胞计计数法计算精子与计算血液中红细胞、白细胞的方法相类似。此法能较准确地测定精子密度，且设备比较简单，但操作步骤较多，故一般只对公猪精液作定期检查时采用。其基本操作步骤如下：

①显微镜放大100～250倍寻找血细胞计算板上的计算室。计算室共有25个方格，每个方格又划分为16个小方格。计算室面积为1 mm^2，高度为0.1 mm。看清计算室后盖上盖玻片。

②用白吸管吸取精液样品，再用3%氯化钠溶液稀释样品并致死精子，便于观察计数。

③将稀释后的精液滴入计算室内。

④显微镜放大400～600倍抽样观察计算5个大方格（即80个小方格）内的精子数。即抽样观察的5个大方格，应位于四角加中央位置。

⑤将5个大方格内的精子总数代入公式，换算出每毫升原精液中的精子数。计算公式如下：

1 mL原精液内精子数=5个大方格内精子数×5（等于整个计算室25个大方格内的精子数）×10（等于1 mm^3 内精子数）×1 000（等于1 mL被检稀释精液样品内的精子数）×被检精液稀释倍数（10或20倍）。

5. 精液的稀释

(1) 公猪精液一般稀释2～4倍，或按每毫升稀释精液含1亿个有效精子的标准稀释。

(2) 精液采出后要尽快进行稀释（一般要求不超过30 min），并尽量减少与空气和其他器皿接触。一般将精液和稀释液同时置于30℃左右的水浴箱或保温瓶中，作片刻同温处理后再混合。

(3) 稀释时，将稀释液沿着容器壁或玻璃棒缓慢流入精液中，然后轻轻摇动或用灭菌玻棒搅拌，使之混合均匀。

(4) 稀释后，静置片刻再作活率检查。如果稀释前后活率一样，即可进行分装与保存；如果活率下降，说明稀释液的配制或稀释操作有问题，不宜使用，并应查明原因重作。

6. 精液的保存

(1) 将稀释精液混合均匀，按照一个输精剂量分装于容器瓶中，精液应注意装满，不留空隙，瓶口加塞密封。精液注明公猪号、采精日期、精子活率等。

(2) 常温保存。允许温度在15～25℃变动，但应尽可能在此范围内相对降低温度和保持恒温。可利用室内、广口保温瓶、井水或地窖等天然环境保存。

(3) 低温保存。将稀释后的精液置于0～5℃的低温条件下保存。一般是放在冰箱内

或装有冰块的广口保温瓶中冷藏。必须注意温度应逐渐缓慢降低，其处理方法是待精液稀释分装后，先用数层纱布或棉花包裹精液容器，并包以塑料薄膜袋防水，然后置于0～5℃的低温环境中。这样一般经1～2 h，精液温度即可缓慢降至0～5℃。在整个保存期间应尽量维持保存温度的恒定，防止升温。

7. 运输　精液在运输过程中，需防止温度回升，要有保温隔热装置、防震衬垫，尽量避免高温、剧烈震动和碰撞。运送的精液必须是经过稀释并适合于保存者，并附有详细说明，注明公猪品种与编号、采精日期、精液剂量、稀释液种类和稀释倍数、精子活率和密度等。

8. 输精　在输精之前，首先对母猪的外阴部进行清洗，再以1/3 000新洁尔灭溶液或酒精棉球擦拭消毒，待干燥后，用生理盐水棉球擦拭。输精人员的手掌、输精用的器械和用具，都必须洗涤和消毒，以防母猪生殖道感染。

对于低温和冷冻保存的精液要进行升温或解冻，精液要经过活率检查，符合输精质量要求才能使用。

（1）输精量。母猪一次输精量，液态保存的用量为30～40 mL，输入有效精子数20亿～50亿个；冷冻保存的用量为20～30 mL，输入有效精子数10亿～20亿个。

（2）适宜输精时间和部位。适宜输精的时间在发情开始的第2天后，或接受“压背试验”、盛情过后的稳定期。输精部位在子宫内。

（3）输精次数和间隔。在一个发情期内一般采用两次输精为宜，以增加精卵相遇机会，可以提高受胎率，两次输精间隔为12～48 h。

（4）输精方法。一般采用输精管插入法。输精器包括一个输精管（橡皮胶管或塑料管）和一个注入器（注射器或塑料瓶）。输精时让母猪自由站立栏圈内，将精液吸入注入器内，接上输精管，涂抹少量灭菌润滑剂（或注入少量精液于母猪阴门处作润滑剂）。左手持注射器或塑料瓶，右手持输精管插入母猪阴道。输精管应先向斜上方，然后平插，同时轻轻捻动输精管，插入子宫颈螺旋部，感到对输精胶管有一定的吸力，然后提高塑料瓶，或推动注射器，使精液注入子宫内。输精完毕后慢慢抽出输精管，按压母猪腰臀部并使母猪静待片刻，不要马上驱赶急行，否则易引起精液倒流。每条输精管只允许做一头次输精。对输精母猪要做好各项记录，以便日后进行统计和分析。

【实训报告】　根据采精、精液品质检查、精液稀释、精液保存与运输、输精等内容和操作方法，写出实训报告。

实验实训7　猪的妊娠诊断

【目的要求】　使学生进一步了解猪妊娠后的变化特点和规律，掌握猪妊娠诊断的方法。

【训练内容】　猪妊娠诊断的方法。

【训练条件】　配种记录表、配种后3周以上的母猪、记录本等。

【操作方法】　妊娠母猪同空怀母猪处于不同的生理阶段，它们的表现是不同的，饲养管理的方法也不同。母猪发情配种后，绝大多数都能够受孕而妊娠。但是，由于种种原因，有一些母猪不能够妊娠。为了有针对性地对母猪进行饲养管理，必须对配种母猪妊娠与否进行诊断。

外表观察法　该方法简便易行。一般情况下，母猪发情配种后，经过18～25 d不再发情，我们就可以初步断定该母猪是妊娠了。这时，母猪表现为贪吃、贪睡，行动小心，猪体的皮毛光亮，母猪的阴门干燥，缩成成一条线。如果再经过18～25 d母猪仍不发情，我们就可以确定该母猪是妊娠了。

具体方法与步骤：

(1) 选择已经发情配种的母猪若干头进行试验。

(2) 用外表观察法进行诊断的要在配种16～18 d开始观察母猪有无发情表现，做好记录。

【实训报告】　根据猪的妊娠诊断的操作过程及其方法，撰写实训报告。

实验实训8　仔猪的接产操作

【目的要求】　使学生掌握猪的接产环节，学会接产技术。

【训练内容】　接产技术。

【训练条件】　临产母猪、擦布、消毒液、碘酒棉等接产所需备品（见第五章第五节）。

【操作方法】　当母猪安稳地侧卧后，发现母猪阴道内有羊水流出，母猪阵缩频率加快且持续时间变长，并伴有努责时，接产人员应进入分娩栏内。若在高床网上分娩应打开后门，接产人员应蹲在或站立在母猪臀后，将母猪外阴、乳房和后躯用0.1%的高锰酸钾溶液擦洗消毒，然后等待接产。母猪经多次阵缩和努责，臀部上下抖动，尾巴翘起，四肢挺直，屏住呼吸时将有仔猪产出。接产人员一只手抓住仔猪的头颈部，另一只手的拇指和食指用擦布立即将其口腔内黏液抠出，并擦净口鼻周围的黏液，防止仔猪将黏液吸入气管而引起咳嗽或异物性气管炎，上述操作生产中称为“抠膜”。紧接着用擦布将仔猪周身擦干净，这样做既卫生又能防止水分蒸发带走热量引起感冒，这一过程称为“擦身”。“抠膜”“擦身”后，应进行断脐。接产者一只手抓握住仔猪的肩背部，用另一只手的大拇指将脐带距离脐根部4～5 cm处捏压在食指的中间节上，利用大拇指指甲将脐带掐断，并涂上5%的碘酊，如果脐带内有血液流出，应用手指捏1 min左右，然后再涂一次5%的碘酊。上述处理完毕，根据本猪场的免疫程序进行下一步安排。不进行超前免疫的猪场，应将初生仔猪送到经0.1%高锰酸钾溶液擦洗消毒，又经清水擦洗的乳房旁吃初乳，吃初乳前应挤出头几滴初乳弃掉，防止初生仔猪食入乳头管内的脏东西。上述所有操作完毕，母猪将产出第2个仔猪，接产人员应重复以前操作过程进行接产；如果本地区猪瘟流行，应对初生仔猪实行超前免疫，具体做法是仔猪出生后不立即吃初乳，而是集中放在仔猪箱内，待全部产仔结束，立即稀释猪瘟弱毒苗，在最短时间内（1 h内）完成全窝仔猪免疫，夏季要将稀释的猪瘟疫苗溶液衬冰使用，防止猪瘟疫苗效价降低，一般进行2倍量免疫接种，2 h后吃初乳。

待全窝仔猪全部产完，一起称重，编号并做好记录。为了防止出生仔猪的乳齿咬伤母猪乳头，产仔结束后，应使用剪刀将乳齿剪断。用左（右）手抓握住仔猪的额头部，并用拇指和食指用力捏住仔猪上下颌的嘴角处，将仔猪嘴捏开，然后用右（左）手持剪刀在齿龈处，将上、下左右所有的乳齿全部剪断。

全部仔猪吃过一段时间初乳后（吃饱），应将仔猪拿到仔猪箱内（箱内温度控制在32～34℃），这样既能让母猪休息又可以防止初生仔猪接触脏东西引发下痢，50～60 min后再拿出来吃初乳，吃饱后再拿回仔猪箱内。放置仔猪箱的同时要用防压栏与母猪隔开，防止母猪拱啃弄坏。产后2～3 d一直这样操作，有利于母仔休息及健康。

接产完毕，将分娩圈栏打扫干净。用温度为35～38℃的0.1%高锰酸钾溶液或0.1%的洗必泰溶液，将母猪、地面、圈栏等进行擦洗消毒，如有垫草应重新铺上，一切恢复如产前状态。接产人员用3%来苏儿洗手后，再用清水净手。

【实训报告】 根据仔猪接产操作的先后程序及其具体方法，撰写实训报告。

实验实训9　仔猪保温箱的制作

【目的要求】 通过实习操作，进一步了解猪用保温设备在养猪实践中的意义，学会一些简单的用具制作。

【训练内容】 仔猪保温箱的制作。

【训练条件】 木板、胶水、铁钉、加热器或加热管、控温仪、锤子、锯等。

【操作原理】 用一些保温隔热较好的材料做一个密闭的容器，容器里加上发热装置，就能够使得容器里的温度高于容器外面的温度，起到增热保温的作用。

【操作方法】

1. 选择1～2 cm厚的木板，刨光。用胶和铁钉组装成一个长、宽和高均为60 cm的正方体。
2. 在正方体的一面下方开一个25 cm宽，30 cm高的洞门。
3. 在正方体的内侧上方安装加热装置。
4. 在正方体的上面安装控温装置。
5. 组装后通电试运行。

【实训报告】 叙述仔猪保温箱的制作方法与技巧。

实验实训10　仔猪的耳号编制、去犬齿和断尾

【目的要求】 通过操作，使学生掌握仔猪的编号、去犬齿的方法及断尾操作的技术。

【训练内容】 仔猪的耳号编制、去犬齿和断尾操作。

【训练条件】 仔猪、耳号钳、耳孔钳、消毒液、去齿用的尖头钳、断尾用的尖头钳等。

【操作原理】

1. 仔猪的耳号编制方法 耳号编制是猪的个体号识别方法的一种（即耳缺编号法），另外常用的还有耳标编号法和体标编号法，他们在生产实际中各有优缺点，这里只介绍耳缺编号法的一种。

仔猪耳号的编制方法遵循左大右小，上一下三，公单母双的原则进行。在操作中以最小疼痛刺激为准。

猪耳号表示方法是：左耳上缘打一缺口，代表10；左耳下缘打一缺口，代表30；左耳尖上缘打一缺口，代表200；左耳中央打一洞，代表800。在猪的右耳上缘打一缺口，代表1；在猪的右耳下缘打一缺口，代表3；在猪的右耳尖上缘打一缺口，代表100；猪的右耳中央打一洞，代表400。

2. 去犬齿 猪的犬齿在家养状态下作用不大，由于仔猪易用犬齿咬伤母猪的乳房而使乳房受损，直接影响母猪的泌乳力，所以应将其去掉。

3. 断尾 猪的尾巴在家养状态下作用也不是很大，由于仔猪之间用犬齿互咬尾巴而使猪受伤，直接影响仔猪的生长发育，所以可以将其去掉。

【操作方法】

1. 打耳号 每个学生选择1头出生不久的仔猪进行耳号编制的实习。以165号为例说明操作步骤。首先，将耳号钳消毒好待用，并保定好仔猪。

（1）在猪的右耳尖上缘打一缺口，代表100。

（2）在猪的左耳下缘打两缺口，每个缺口代表30，总计代表60。

（3）在猪的右耳下缘打一缺口，代表3。

（4）在猪的右耳上缘打两缺口，每个缺口代表1，总计代表2。

（5）最后总计为165号。

2. 去犬齿 每个同学选择1头出生不久的仔猪进行去犬齿的实习。

首先，将去齿用的尖头钳子消毒备用，将仔猪保定好。然后，将已经消毒好的尖头钳子伸到仔猪口中，紧贴仔猪的齿龈将犬齿剪断即可。

3. 断尾 每个学生选择1头出生不久的仔猪进行断尾实习。

首先，将断尾用的尖头钳子消毒备用，将仔猪保定好。然后，将猪的尾尖部（整个尾的1/3处）放入已经消毒好的尖头钳子切口中，稍用力剪一下即可。注意不要将尾剪下来，不要损害皮肤，只要使内部组织受损，经过1周左右会自行脱落。

【实训报告】 叙述仔猪的耳号编制、去犬齿和断尾方法和步骤。

实验实训11　免疫程序的制订

【目的要求】 掌握猪常见传染病免疫程序制订。

【训练内容】 制订符合当地猪场的传染病免疫程序。

【训练条件】 当地猪传染病调查资料或某猪场发病资料，猪场主要传染病抗体水平监测结果。

【操作方法】　依据所掌握材料，以及传染病和疫苗的特点，制订主要传染病的免疫程序。应注意各种疫苗之间的相互干扰问题，在保证免疫效果的前提下尽力地减少免疫接种次数。

【实训报告】　拟定免疫程序以及注意事项。

【参考资料】

1. 有针对性、有计划地免疫接种　对猪群有计划地进行免疫接种，以提高猪群对相应传染病的特殊抵抗力，是规模化猪场综合防疫体系中一个极为重要的环节，是构建养猪生产安全体系的重要措施。

威胁一个地区或猪场的传染病可能有几种，而用来预防这些传染病的疫苗性质又不尽相同，免疫期长短不齐。因此，猪场需要多种疫苗来预防不同的疾病，需要根据疫苗的免疫特性来合理地制订免疫接种的次数和间隔时间，这就是所谓的免疫程序。

在制订免疫程序时要考虑当地的实际情况。一般根据疾病的流行特点，以及免疫监测的结果制订，既要避免免疫空白期过长，又要避免免疫接种次数过于频繁。根据当地传染病发生的种类，猪场受威胁的大小来确定何种传染病纳入防疫计划，制订合理的免疫程序。

对猪场来说，根据传染病的危害程度及疫苗效力，可以将其分为3类：

（1）就我国防疫现状看，按常规各种用途猪均需要免疫接种的传染病包括猪瘟、猪丹毒、猪肺疫、副伤寒等。由于我国周边时有口蹄疫发生，并且该病传播速度快，危害极大，所以口蹄疫也应在必防之列。

（2）种猪必须预防的传染病，主要包括猪细小病毒病、伪狂犬病、猪繁殖呼吸障碍综合征、乙型脑炎等。这些传染病引起猪的繁殖障碍，引起猪场大量母猪不发情、返情、死胎、流产。其中，猪伪狂犬病、猪繁殖呼吸障碍综合征还可引起哺乳仔猪大量死亡和猪的呼吸道症状及免疫抑制。此外，猪传染性胃肠炎、流行性腹泻虽然对母猪本身影响较小，但可引起10日龄以内仔猪大量死亡，所以母猪必须接种，利用母源抗体保护仔猪。

（3）可选择性预防的传染病，主要有猪大肠杆菌病、猪链球菌病、猪传染性萎缩性鼻炎、猪气喘病、猪接触性传染性胸膜肺炎、圆环病毒感染等。由于病原血清型较多，使疫苗有局限性；以及疫苗使用不方便等因素；或由于呈地方流行性，所以应在诊断的基础上，有选择地使用疫苗。

2. 猪场主要传染病参考免疫程序

（1）猪瘟。仔猪20日龄首免，60日龄二免。种猪每半年免疫1次，妊娠期避开接种。剂量：2～4头份。

（2）猪丹毒。仔猪在45～60日龄首免，常发生本病的猪场在90日龄二免。种猪每半年免疫1次。配种后3周之内、妊娠末期及泌乳的母猪暂不接种。剂量：常规剂量。

（3）猪肺疫。仔猪在45～60日龄首免，常发生本病的猪场间隔30 d二免。种猪每年两次免疫，临产母猪及泌乳母猪暂不接种。剂量：常规剂量。

（4）副伤寒。在仔猪30日龄和50日龄进行两次免疫。剂量：常规剂量。

（5）口蹄疫。种猪3个月免疫1次，每次肌内注射常规苗2 mL/头或肌内注射高效苗1～1.5 mL/头。仔猪在40～45日龄首免，常规苗肌内注射2 mL/头或高效苗1 mL/头；

100～105 日龄育肥猪二免，常规苗肌内注射 2 mL/头或高效苗 1～1.5 mL/头；肉猪出栏前 30 d 进行三免，常规苗肌内注射 2 mL/头或高效苗 1～1.5 mL/头。

（6）猪细小病毒病。对种猪在配种前 1 个月肌内注射灭活苗，间隔两周进行二免。

（7）猪传染性胃肠炎及流行性腹泻。妊娠母猪在产前 6 周和 2 周进行免疫，肌内注射弱毒苗 1 头份，同时喷鼻 1 头份。初生仔猪可口服弱毒苗免疫。

（8）伪狂犬病。种用仔猪在断奶时首免，间隔 4～6 周进行二免，以后每半年免疫 1 次；在产前 1 个月免疫 1 次，可保护仔猪整个哺乳期不发病。肥育用仔猪在断奶时免疫 1 次。

（9）猪繁殖呼吸障碍综合征。弱毒苗可用于 3～18 周龄猪和未妊娠母猪。灭活苗在配种前 50 d 首免，3 周后进行二免，效果较好。用于妊娠母猪，在产前 1 个月注射灭活苗，可利用母源抗体保护仔猪。

（10）乙型脑炎。种猪在配种前 45 d 接种弱毒苗，间隔 2 周再免 1 次。妊娠母猪使用弱毒疫苗一般是安全的。剂量：常规剂量。

（11）大肠杆菌病。母猪在产前 40 d 和 20 d 各进行一次免疫接种。

气喘病：弱毒苗仔猪 15 日龄首免，确定种用的猪在 3 月龄二免。灭活苗 7 日龄首免，21 日龄二免。剂量：常规剂量。

（12）接触性传染性胸膜肺炎。使用灭活苗在 2 月龄首免，两周后二免。

（13）传染性萎缩性鼻炎。妊娠母猪产前 1 个月接种疫苗。仔猪 1 周龄首免，4 周龄二免。剂量：常规剂量。

（14）圆环病毒病。预防断奶仔猪多系统衰竭综合征，母猪在产前 20 d 接种疫苗，仔猪在 10 日龄接种疫苗。剂量：常规剂量。

主要参考文献

白文彬，于康震．2002．动物传染病诊断学［M］．北京：中国农业出版社．
蔡宝祥．2001．家畜传染学［M］．4 版．北京：中国农业出版社．
陈焕春．2000．规模化猪场疫病控制与净化［M］．北京：中国农业出版社．
陈清明，王连纯．1997．现代养猪生产［M］．北京：中国农业大学出版社．
陈润生．1995．猪生产学［M］．北京：中国农业出版社．
崔中林．2004．规模化安全养猪综合新技术［M］．北京：中国农业出版社．
丁洪涛．2001．畜禽生产［M］．北京：中国农业出版社．
丁壮．2003．猪瘟及其防制［M］．北京：金盾出版社．
费恩阁，李德昌，等．2004．动物疫病学［M］．北京：中国农业出版社．
韩俊文．1999．养猪学［M］．北京：中国农业出版社．
孔繁瑶．1981．家畜寄生虫学［M］．北京：农业出版社．
兰旅涛．2009．农村养猪实用技术［M］．南昌：江西科学技术出版社．
李宝林．2001．猪生产［M］．北京：中国农业出版社．
李和国．2001．猪的生产与经营［M］．北京：中国农业出版社．
李立山，张周．2006．养猪与猪病防治［M］．北京：中国农业出版社．
刘海良主译．1998．养猪生产［M］．北京：中国农业出版社．
［美］国家研究委员会著．1998．猪营养需要［M］．谯仕彦，等译．北京：中国农业出版社．
舒炽．2005．快速高效养猪新技术［M］．昆明：云南科技出版社．
宋育．1995．猪的营养［M］．北京：中国农业大学出版社．
苏振环．2004．现代养猪实用百科全书［M］．北京：中国农业出版社．
王爱国．2002．现代实用养猪技术［M］．北京：中国农业出版社．
王林云．2004．养猪词典［M］．北京：中国农业出版社．
王玉群，黄大鹏．2005．畜禽生产［M］．哈尔滨：黑龙江人民出版社．
吴建华，朱文进．2010．猪的生产与经营［M］．2 版．北京：高等教育出版社．
吴学军．2004．猪的饲养管理与疾病防治［M］．哈尔滨：哈尔滨地图出版社．
吴增坚．2004．养猪场猪病防治（修订版）［M］．北京：金盾出版社．
谢庆阁．2004．口蹄疫［M］．北京：中国农业出版社．
宣长和，孙福先．2003．猪病学［M］．2 版．北京：中国农业科学技术出版社．
杨公社．2002．猪生产学［M］．北京：中国农业出版社．
张永泰．1986．养猪新技术［M］．沈阳：辽宁大学出版社．
赵德明，张中秋，沈建中主译．2000．猪病学［M］．8 版．北京：中国农业大学出版社．
周新民．2004．兽医操作技巧大全［M］．北京：中国农业出版社．